Physik 7

Gymnasium Bayern

Duden Schulbuchverlag
Berlin

Physik 7
Gymnasium Bayern

Autorinnen und Autoren: Ferdinand Hermann-Rottmair, Reichertshausen; Ludwig Huber, Pfarrkirchen; Andrea Renner, Pfarrkirchen; Claudia Ried, Amberg; Markus Rieger, Fürth; Stephan Weisser, Fürth

Mit Beiträgen von: Prof. Dr. habil. Lothar Meyer, Potsdam

Beratung: Andreas Ried, Amberg

Redaktion: Markus Heim

Layoutkonzept: SOFAROBOTNIK GbR, Augsburg & München

Umschlaggestaltung: Corinna Babylon, Berlin

Grafik: newVISION! GmbH Bernhard A. Peter, Pattensen

Layout und technische Umsetzung: Typo Concept GmbH, Hannover

Begleitmaterial zum Lehrwerk

E-Book	ISBN 978-3-8355-3259-5
Lehrermaterial (inkl. Lösungen)	ISBN 978-3-8355-3276-2
Lehrermaterial als E-Book	ISBN 978-3-8355-3264-9
Begleitmaterial auf USB-Stick	ISBN 978-3-8355-3144-4
inkl. E-Book als Zugabe und Unterrichtsmanager auf scook.de	

Dieses Werk enthält Vorschläge und Anleitungen für Untersuchungen und Experimente. Vor jedem Experiment sind mögliche Gefahrenquellen zu besprechen. Beim Experimentieren sind die Richtlinien zur Sicherheit im naturwissenschaftlichen Unterricht einzuhalten.

Hinweis: Unsere Experimente sind sorgfältig ausgewählt und getestet, sodass bei ordnungsgemäßer Durchführung nichts passieren kann. Verlag und Autoren schließen jegliche Haftung aus.

www.duden-schulbuch.de

1. Auflage, 1. Druck 2019
Alle Drucke dieser Auflage sind inhaltlich unverändert
und können im Unterricht nebeneinander verwendet werden.

Druck: Firmengruppe APPL, aprinta Druck, Wemding

ISBN 978-3-8355-3275-5 (Schülerbuch)

PEFC
PEFC/04-32-0928

PEFC zertifiziert
Dieses Produkt stammt aus nachhaltig bewirtschafteten Wäldern und kontrollierten Quellen.
www.pefc.de

Anhang

Methoden

Schülerexperimente

Anwendung und Vertiefung

Kompetenzen erwerben – Physik verstehen

Kapiteleinstieg

Die ersten Seiten des Kapitels sollen dich neugierig machen und auf das Thema einstimmen. Du erhältst einen ersten Einblick, womit du dich in diesem Kapitel beschäftigen wirst.

66

Elektrische Stromkreise

In diesem Lernbereich

- erklärst du einfache elektrostatische Phänomene mithilfe von elektrischen Ladungen und ihren Eigenschaften. Du lernst außerdem das Kern-Hülle-Modell des Atoms kennen.
- veranschaulichst du den elektrischen Strom als bewegte Ladungen und lernst verschiedene Wirkungen des elektrischen Stroms kennen, die wir uns in vielen elektrischen Geräten zunutze machen.
- beschäftigst du dich mit elektrischen Schaltungen und lernst, eigene elektrische Schaltungen zu einfachen technischen Problemstellungen zu entwickeln.

Elektrische Stromkreise
1 Elektrische Ladung und Strom
78
Experimente und Aufgaben

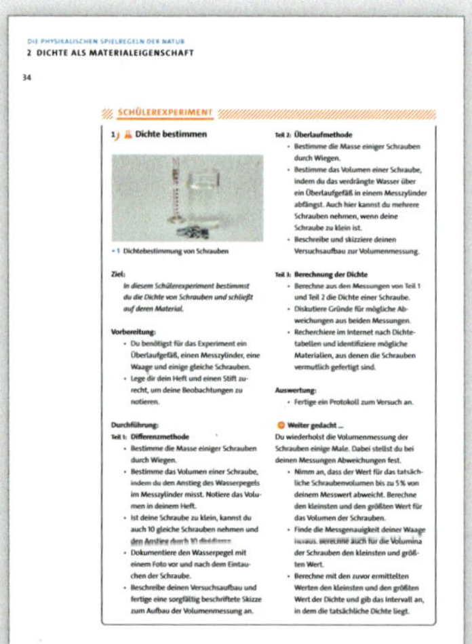
Die physikalischen Spielregeln der Natur
2 Dichte als Materialeigenschaft
34
Schülerexperiment

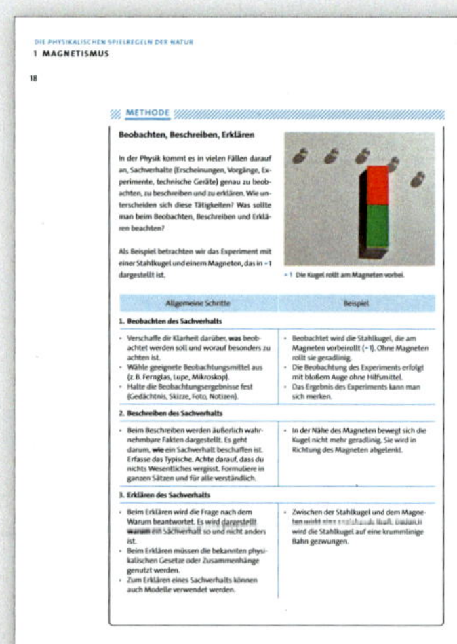
Die physikalischen Spielregeln der Natur
1 Magnetismus
18
Methode
Beobachten, Beschreiben, Erklären

Experimente und Aufgaben

Mit Experimenten kannst du selbst Erscheinungen untersuchen und zu neuen Erkenntnissen gelangen. Mithilfe von Aufgaben kannst du testen, ob du deine Erkenntnisse anwenden, über Physik kommunizieren und Sachverhalte bewerten kannst.

Schülerexperimente

Die Schülerexperimente regen dich zum selbstständigen Experimentieren und Probieren an. Dabei wendest du bekanntes Wissen an und untersuchst interessante physikalische Phänomene.

Methoden

Das bewusste Anwenden von Denk- und Arbeitsweisen der Physik hilft dir beim Gewinnen von Erkenntnissen, beim Kommunizieren und beim Bewerten von Sachverhalten.

Inhaltsseiten

Grundlegende Begriffe, Gesetze und Zusammenhänge werden systematisch entwickelt. Erläuterungen, Abbildungen, Tabellen und Übersichten helfen dir beim Gewinnen und Aneignen von Erkenntnissen.

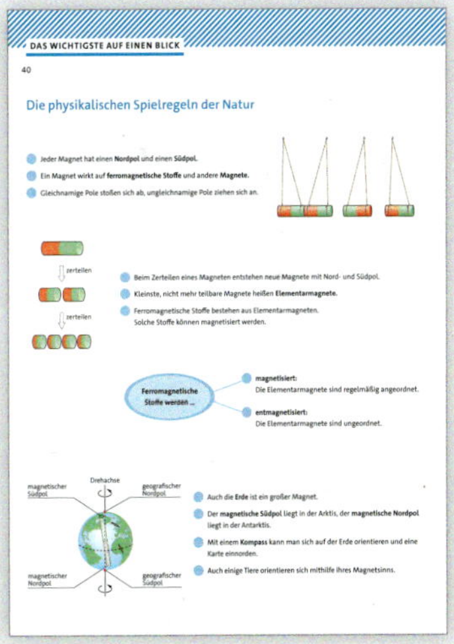

Physik im Alltag

An Beispielen wird gezeigt, wie dir physikalisches Wissen helfen kann, dich zweckmäßig zu verhalten, Erscheinungen des Alltags zu verstehen und sie sachgerecht zu bewerten.

Aus ...

Hier findest du interessante Informationen, die über die obligatorischen Inhalte hinausgehen und zur weiteren Beschäftigung mit Physik anregen.

Auf einen Blick

Am Ende des Kapitels wird das Wichtigste in systematischer und übersichtlicher Form zusammengefasst. Die „Kann ich...?"-Checkliste hilft dir, deine erworbenen Kompetenzen im Blick zu behalten.

Die Naturwissenschaft Physik

Das Wort Physik ist vom griechischen Wort φύσις (*physis*) abgeleitet und bedeutet Natur. Die Physik beschäftigt sich demnach mit Erscheinungen und Gesetzen der Natur. Dabei geht es darum, Naturerscheinungen zu untersuchen, Zusammenhänge zu erforschen und Gesetze zu finden. Dazu werden vor allem Experimente genutzt. Ist ein Gesetz bekannt, kann man auf seiner Grundlage Erscheinungen erklären und Voraussagen treffen.

Eine Naturerscheinung sind Sonnen- und Mondfinsternisse. In der Physik wird die Frage untersucht und beantwortet, wie sie zustande kommen. Heute wissen wir: Eine Sonnenfinsternis kommt zustande, wenn der Schatten des Mondes auf die Erdoberfläche fällt. Da man heute die Zusammenhänge und Gesetze kennt, kann man voraussagen: Die nächste totale Sonnenfinsternis wird in Deutschland erst am 3. September 2081 zu beobachten sein.

Im Physikunterricht wirst du dich mit solchen Fragen beschäftigen wie:

- Was ist elektrischer Strom? Welche Wirkungen kann er haben?
- Wie kommt ein Blitz zustande und wie sollte man sich bei Gewitter verhalten?
- Warum zeigt eine Kompassnadel in Nord-Süd-Richtung?
- Wie bestimmt man Geschwindigkeiten von Autos?
- Wie kann man das wechselnde Aussehen des Mondes erklären?
- Sind Atome die kleinsten Teilchen, aus denen Stoffe bestehen?

Neben der Physik mit ihren verschiedenen Teilgebieten gibt es eine Reihe weiterer Naturwissenschaften (▸1). Zwischen der Physik und den anderen Naturwissenschaften gibt es zahlreiche Verbindungen. So werden z. B. in der Biologie, der Astronomie oder der Chemie physikalische Erkenntnisse genutzt.

▸1 Wichtige Teilbereiche der Naturwissenschaften im Überblick

Die Natur aus verschiedenen Blickwinkeln

Bis ins 16. Jahrhundert konnte ein Gelehrter das Wissen über die gesamte Natur überblicken. Doch je mehr Menschen die Natur untersuchten, desto umfangreicher wurde das Wissen. Es bildeten sich nach und nach Wissenschaftszweige, die im Laufe der Zeit zu eigenständigen Wissenschaften wurden: Physik, Chemie, Biologie, Philosophie und viele weitere. Jede Wissenschaft hat einen anderen Blick auf die Natur.

Die Natur ist trotz verschiedener Perspektiven stets dieselbe. Man setzt für jedes Fach gewissermaßen eine andere Brille auf, durch die man die gleichen Naturerscheinungen von einem anderen Standpunkt aus betrachtet. Auch Geisteswissenschaften wie Kunst und Literatur oder Sozialwissenschaften wie Politik und Wirtschaft beschäftigen sich manchmal mit der Natur und betrachten sie aus ihren eigenen Blickwinkeln.

Dies wird am Beispiel Wasser sehr schnell deutlich: Die **Physik** untersucht, wie sich Wasser unter verschiedenen Bedingungen verhält, z. B. beim Erwärmen und Abkühlen. Man prüft in der Physik auch, unter welchen Bedingungen Wasser elektrischen Strom leitet oder wie Körper beschaffen sein müssen, um auf Wasser schwimmen zu können.

Die **Chemie** untersucht die Eigenschaften des Wassers als Stoff. Sie beschreibt, wie sich Wasser gegenüber anderen Stoffen verhält. Die Chemie untersucht auch, wie Wasser aus anderen Stoffen gebildet wird (▸ 2).

Die **Biologie** erforscht das Zusammenspiel von Lebewesen und Wasser. Wasser stellt die Grundlage des Lebens dar, denn ohne Wasser ist kein Leben möglich (▸ 3). In der Biologie wird z. B. die Qualität von Trinkwasser und deren Auswirkung auf Lebewesen untersucht.

▸ 3 Wasser ermöglicht Leben.

Die **Geografie** untersucht, wie Wasser die Landschaft formt und das Klima beeinflusst. **Politik** und **Wirtschaft** beschäftigen sich mit dem Problem der Wasserknappheit, denn weltweit gehen die Trinkwasservorräte zurück, während der Bedarf an Wasser steigt. In der **Literatur** steht Wasser häufig für Leben, Neubeginn oder Bewegung.

▸ 2 Wasser kommt in der Chemie oft zum Einsatz.

Physik, Technik und Alltag

Die Physik ist eine wichtige Grundlage der Technik. Dabei werden bewusst physikalische Erkenntnisse genutzt, um Geräte und Anlagen zu bauen, um Energie zweckmäßig zu verwenden, um unser Leben sicherer und angenehmer zu machen.

Wenn du den Lichtschalter betätigst, dann leuchtet die Deckenbeleuchtung im Zimmer auf. Elektrische Energie wird in Licht und Wärme umgewandelt. Energie wird auch genutzt, um Computer zu betreiben, Räume zu heizen oder Raketen in den Weltraum zu schießen (▸1). Der Energie kommt in der Physik eine wichtige Bedeutung zu, denn mit ihr lassen sich komplexe Prozesse nachvollziehen und erklären.

In vielen Bereichen werden heute Roboter verwendet. Ihre Konstruktion erfordert umfangreiches physikalisches Wissen. Ohne die Kenntnis physikalischer Zusammenhänge und Gesetze gäbe es keine Smartphones, kein Navigationssystem, keine Flugzeuge, kein Internet.

Die Physik ist eine wichtige Grundlage der Technik. In der Technik werden physikalische Gesetze vom Menschen genutzt.

Physikalische Erkenntnisse spielen nicht nur in der Technik, sondern auch in unserem täglichen Leben eine Rolle. In einem anfahrenden oder bremsenden Bus musst du dich festhalten, um nicht umzufallen. Das gilt auch bei einer Kurvenfahrt. Nach dem Baden sollte man die nasse Badebekleidung wechseln, weil man sich sonst leicht erkälten kann. Ein Autofahrer weiß, dass sein Bremsweg bei eisglatter Fahrbahn wesentlich größer ist als auf trockener Straße, und erhöht den Sicherheitsabstand. In all diesen Beispielen nutzen wir bewusst oder unbewusst physikalische Erkenntnisse.

Die Physik ist eine wichtige Grundlage unseres täglichen Lebens. Die bewusste Nutzung physikalischer Gesetze erleichtert unser Leben und erhöht unsere Sicherheit. Unkenntnis oder Nichtbeachtung physikalischer Gesetze kann zu Unfällen oder Schäden führen.

Auch in Smartphones und Tablets steckt viel Physik (▸2): Eine Nachricht kann schnell an jeden Ort auf der Welt geschickt werden, die Kamera macht scharfe Bilder und über den Touchscreen können unzählige Apps bedient werden.

▸1 Start der SpaceX Falcon Heavy im Februar 2018

▸2 Smartphones und Tablets voller Physik

Teilgebiete der Physik

Traditionell wird die Physik in verschiedene Teilgebiete eingeteilt. Diese Einteilung hat sich historisch entwickelt und ermöglicht es, das umfangreiche Gebiet der Naturwissenschaft Physik besser zu überblicken.

In der **Optik** werden die Ausbreitung des Lichts, Farben und Farbwahrnehmung, seine Reflexion und Brechung sowie die Bildentstehung durch Spiegel und Linsen untersucht (▸ 3). Gegenstand der Optik sind auch der Aufbau und die Wirkungsweise von optischen Geräten wie Lupen, Mikroskopen und Fernrohren.

Im Mittelpunkt der **Elektrizitätslehre** stehen elektrisch geladene Körper, der elektrische Strom und seine Wirkungen sowie die Gewinnung elektrischer Energie. Behandelt werden solche Naturerscheinungen wie Blitze (▸ 4) und technische Anwendungen wie Generatoren, Motoren, Transformatoren oder Chips, ohne die moderne elektronische Geräte nicht funktionieren würden. Da elektrischer Strom auch eine magnetische Wirkung hat, gehört auch der Magnetismus und die Untersuchung der Eigenschaften von Magneten zur Elektrizitätslehre. Man spricht daher auch häufig von Elektromagnetismus.

Die **Mechanik** beschäftigt sich mit der Bewegung von Körpern und den verschiedenen Kräften mit ihren Wirkungen. Sie geht auch der Frage nach, welchen Einfluss Hebel, Rollen und schiefe Ebenen auf die Kräfte haben. Außerdem geht es in der Mechanik um den Druck sowie das Schwimmen, das Schweben und das Fliegen.

In der **Akustik** geht es um die Entstehung und die Ausbreitung von Schall. Aber auch der gesundheitsgefährdende Lärm, seine Auswirkungen und der Schutz vor ihm spielen in der Akustik eine Rolle.

Die **Wärmelehre** oder **Thermodynamik** beinhaltet alle Fragen, die mit der Temperatur, der Übertragung von Wärme, dem Schmelzen, Erstarren oder Sieden zu tun haben. Auch der Aufbau und die Wirkungsweise von Verbrennungsmotoren sind Teil der Wärmelehre.

In der **Atom- und Kernphysik** wird der Aufbau der Atome, ihre Umwandlung, die Entstehung und Nutzung radioaktiver Strahlung sowie der Schutz vor ihr untersucht. Auch die Gewinnung von Energie in Kernkraftwerken oder Vorgänge der Kernschmelzung im Innern der Sonne werden in der Atom- und Kernphysik betrachtet.

▸ **3** Optische Phänomene stellen Bilder auf den Kopf.

▸ **4** Ein Blitz ist ein gefährliches Naturereignis.

So forscht man in der Physik

▸ 1 Marie zeigt Lena einen Zaubertrick.

▸ 2 Marie testet ihre Vermutung.

▸ 3 Lena prüft die zweite Vermutung.

Was tun Naturwissenschaftler eigentlich, wenn sie forschen? Anhand des Zaubertricks mit der Flasche wird gezeigt, wie man dabei vorgeht.

Marie zeigt Lena einen Versuch. Sie nimmt eine leere Glasflasche aus dem Kühlschrank und legt eine angefeuchtete Münze auf die Flaschenöffnung. Anschließend umfasst sie die Flasche mit ihren Händen. Nach einer Weile beginnt die Münze zu klappern (▸ 1).

Marie und Lena gehen der Erscheinung auf den Grund. Zunächst **beobachten** sie genau, was geschieht: Die kalte Flasche wird mit den warmen Händen umfasst. Kurz darauf wird die Münze angehoben und fällt auf die Flaschenöffnung zurück, sodass es klappert.

Ein Flaschengeist ist für das Anheben der Münze nicht verantwortlich. Aber wie kann man es dann **erklären?** Marie hat eine **Vermutung** (▸ 2).

Eine Vermutung überprüft man durch ein passendes Experiment. Marie zieht hierfür einen Luftballon über die Öffnung der kalten Flasche. Sie macht eine Vorhersage für den Ausgang des Experiments (▸ 2).

Marie und Lena führen das Experiment durch (▸ 3). Der Luftballon füllt sich tatsächlich. Maries Vermutung wird also durch das Ergebnis **bestätigt.**

Lena hat Zweifel und schlägt ein **weiteres Experiment** vor. Sie hält eine kalte Flasche so, dass die Öffnung nun nach unten zeigt. Sie umfasst dann die Flasche mit den Händen. Auch jetzt füllt sich der Luftballon mit Luft (▸ 3). Das Ergebnis dieses Experiments hat Maries Vermutung **widerlegt.**

Marie stellt daher eine neue Vermutung auf (▸ 3). Damit lassen sich alle Beobachtungen erklären: Beim Ausdehnen der Luft spielt es keine Rolle, in welche Richtung die Flaschenöffnung zeigt. Der Ballon wird sich immer füllen. Somit haben Lena und Marie eine Erklärung für den Trick mit der Münze gefunden. Die Luft dehnt sich beim Erwärmen aus und drückt die Münze nach oben.

Ob die Erklärung tatsächlich stimmt, wissen Lena und Marie mit letzter Gewissheit eigentlich immer noch nicht. Schließlich hat sich erst im zweiten Experiment gezeigt, dass Maries erste Vermutung falsch war.

Man hat aber festgestellt, dass sich diese Erklärung in vielen verschiedenen Experimenten immer wieder bestätigt hat. Deswegen hält man die Erklärung für richtig.

So ähnlich wie Lena und Marie gehen Forscher in den Naturwissenschaften vor. Auch sie suchen auf diese Weise nach Erklärungen für Vorgänge in Natur und Technik.
Dabei wählen sie ihr Experiment so, dass das Phänomen, das sie interessiert, besonders gut beobachtet werden kann. Aus diesem Grund hat Marie die Münze im Vorfeld angefeuchtet, damit sie bei der Durchführung ihres Versuchs stärker klappert.

Natürlich sind die Phänomene, mit denen sie sich beschäftigen, oft komplizierter. Aber Lena und Marie haben genauso „geforscht".

AUFGABEN

1 Lena und Marie haben zum Vorgehen beim Forschen Zettel geschrieben (▸ 4).
a) Die Zettel sind durcheinander geraten. Bringe sie in eine sinnvolle Reihenfolge. Halte sie in einer Tabelle in deinem Heft fest.
b) Markiere in deiner Tabelle die Zettel, die beim Forschen mehrfach vorkommen.
c) Ordne in einer weiteren Spalte jedem Zettel zu, was Lena und Marie beim Flaschentrick getan haben.

2 Lena wettet mit Marie, dass sie es nicht schafft, den Luftballon in der Flasche aufzupusten. Marie zögert nicht lange und steckt den Luftballon in die Flasche, sodass nur noch das Mundstück des Luftballons aus der Flasche schaut, und pustet.
a) Führe den Versuch mit einem Partner durch und beobachte genau. Notiere und skizziere deine Beobachtung in deinem Heft.
b) Notiere nun eine Vermutung, mit der du versuchst, deine Beobachtung zu erklären.
c) Überlege dir dann, wie du deinen Versuch abändern musst, um deine Vermutung zu überprüfen. Du kannst dazu auch weitere Hilfsmittel verwenden. Führe den abgeänderten Versuch durch und beobachte erneut.
d) Notiere schließlich dein Ergebnis und vergleiche es mit der Erkenntnis aus Maries Flaschengeisttrick.

A Du planst Experimente, um deine Vermutung zu überprüfen.

B Du beobachtest die Natur genau, staunst und stellst Fragen.

C Das Ergebnis eines Experiments widerlegt eine Vermutung.

D Du entwickelst Vermutungen.

E Das Ergebnis eines Experiments bestätigt eine Vermutung.

F Du führst Experimente durch und beobachtest genau.

G Du wendest die Erklärung auf andere Situationen an.

H Du erklärst das Ergebnis des Experiments durch deine Vermutung.

▸ **4** Wichtige Schritte beim Forschen

Die physikalischen Spielregeln der Natur

In diesem Lernbereich

- beobachtest und erforschst du die Eigenschaften von Permanentmagneten und lernst ein einfaches Modell zum Magnetismus kennen. Du erfährst dabei, dass bestimmte Materialien magnetisiert und entmagnetisiert werden können. Du lernst außerdem, wie du dich mit einem Kompass auf der Erde orientierst.
- lernst du die Dichte als materialspezifische Größe kennen. Du kannst die Dichte experimentell bestimmen und dabei mit den Einheiten und der Messgenauigkeit umgehen. Außerdem erfährst du, dass du einen Gegenstand auch mithilfe seiner Dichte bewerten kannst.

80
100
120
140
160
SE
S
NE
N

► 1 Magnete ziehen Euromünzen an.

1 Magnetismus

Permanentmagnete

Kühlschrankmagnete bleiben auch ohne Klebestreifen am Metall des Kühlschranks haften (► 2). Damit können z. B. Zettel oder Fotos fixiert werden. Magnete haben die besondere Eigenschaft, Körper aus bestimmten Stoffen anzuziehen. Zu diesen Stoffen gehören Eisen, Nickel und Cobalt. Stoffe, die von einem Magneten angezogen werden, nennt man **ferromagnetisch.**

> Magnete ziehen andere Körper an, die Eisen, Nickel oder Cobalt enthalten. Diese Stoffe heißen ferromagnetisch.

Einen Körper, der diese magnetische Eigenschaft über eine lange Zeit hinweg besitzt, nennt man **Permanent-** oder **Dauermagnet.** Es gibt sie in verschiedenen Formen und Größen. Häufig sind sie stab-, hufeisen- oder kreisförmig (► 3) und werden aus speziellen Metallverschmelzungen wie Eisen-Aluminium hergestellt.

Euromünzen sind abhängig von ihrem Wert verschieden stark ferromagnetisch und werden daher unterschiedlich stark von einem Magneten angezogen. Dies hilft bei der Unterscheidung zwischen echten Münzen und Falschgeld, sowie bei der Sortierung von Münzen.

► 2 Magnete fixieren Notizen am Kühlschrank.

► 3 Magnete unterschiedlicher Form

▸ 4 An den Polen ist die Anziehung am größten.

Gleichnamige Pole stoßen sich ab.

Ungleichnamige Pole ziehen sich an.

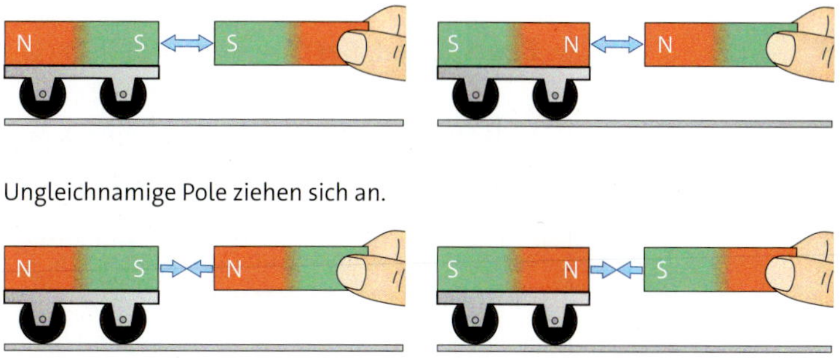

▸ 5 Abstoßung und Anziehung zwischen Magneten

Magnetpole

Die Anziehung eines Permanentmagneten auf einen ferromagnetischen Körper ist nicht überall gleich stark. An bestimmten Stellen eines Magneten ist die anziehende Wirkung am stärksten. Diese Stellen heißen **Pole.** Bei einem Stabmagneten befinden sich die beiden Pole jeweils an einem Ende (▸ 4). Bei anders geformten Magneten können die Pole auch an anderen Stellen liegen.

Die Wirkung eines Magneten ist an seinen Polen am stärksten.

Anziehung und Abstoßung

Jeder Magnet hat zwei verschiedene Pole: den Nordpol und den Südpol. Zwei Magnete können sich nicht nur gegenseitig anziehen, sondern auch abstoßen. Dies hängt davon ab, wie die Pole der beiden Magneten zueinander ausgerichtet sind (▸ 5). Die Stärke der magnetischen Wirkung hängt von der Entfernung der beiden Pole ab.

Ein Magnet hat zwei verschiedene Pole.
Gleichnamige Pole stoßen sich ab.
Ungleichnamige Pole ziehen sich an.
Je näher sich die beiden Pole sind, desto stärker ist ihre Anziehung bzw. Abstoßung.

Oft ist der Nordpol eines Magneten rot, der Südpol dagegen grün gekennzeichnet.

Da die magnetische Anziehung auch durch Papier hindurch wirksam ist, lässt sich ein Zettel mit einem Kühlschrankmagneten befestigen .

AUFGABEN

1. Erstelle einen übersichtlichen Steckbrief mit allen wichtigen Informationen zum Permanentmagneten.
2. Nenne mindestens jeweils drei Gegenstände, die von einem Magneten angezogen bzw. nicht angezogen werden. Bringe jeweils einen solchen Gegenstand mit und überprüfe deine Vermutung mit einem Magneten.
3. In ▸ 6 siehst du ein Metallstück, das scheinbar wie durch Zauberei an der Hand hängt. Stelle eine Vermutung über die Ursache dieses Phänomens auf. Begründe deine Vermutung mithilfe der gelernten Fachbegriffe.
4. Recherchiere im Internet den Aufbau einer Bankkarte. Notiere dir die URL der Webseiten, auf denen du nützliche Informationen finden konntest. Es ist völlig in Ordnung, wenn du nicht alles verstehst! Ein Vergleich der Webseiten hilft dir, die wichtigsten Informationen zu filtern. Erkläre mit den gewonnen Informationen den Hinweis, Bankkarten nicht in die Nähe eines sehr starken Magneten zu bringen.

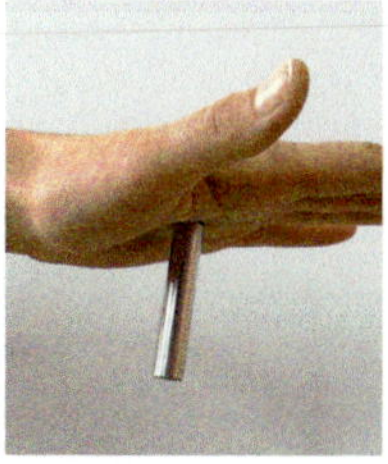

▸ 6 Ein schwebendes Metallstück

METHODE

Beobachten, Beschreiben, Erklären

In der Physik kommt es in vielen Fällen darauf an, Sachverhalte (Erscheinungen, Vorgänge, Experimente, technische Geräte) genau zu beobachten, zu beschreiben und zu erklären. Wie unterscheiden sich diese Tätigkeiten? Was sollte man beim Beobachten, Beschreiben und Erklären beachten?

Als Beispiel betrachten wir das Experiment mit einer Stahlkugel und einem Magneten, das in ▸1 dargestellt ist.

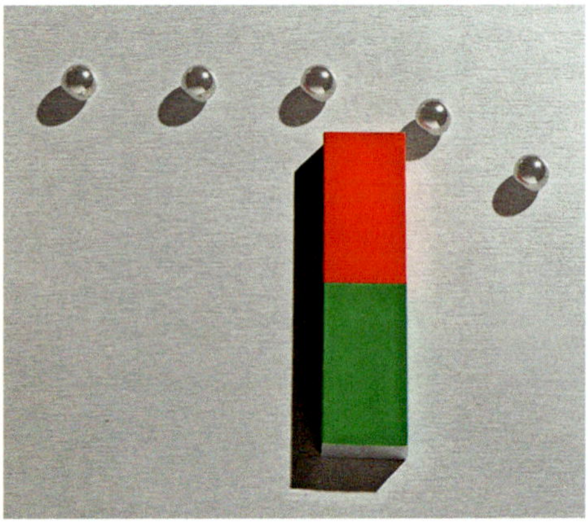

▸1 Die Kugel rollt am Magneten vorbei.

Allgemeine Schritte	Beispiel
1. Beobachten des Sachverhalts	
• Verschaffe dir Klarheit darüber, **was** beobachtet werden soll und worauf besonders zu achten ist. • Wähle geeignete Beobachtungsmittel aus (z. B. Fernglas, Lupe, Mikroskop). • Halte die Beobachtungsergebnisse fest (Gedächtnis, Skizze, Foto, Notizen).	• Beobachtet wird die Stahlkugel, die am Magneten vorbeirollt (▸1). Ohne Magneten rollt sie geradlinig. • Die Beobachtung des Experiments erfolgt mit bloßem Auge ohne Hilfsmittel. • Das Ergebnis des Experiments kann man sich merken.
2. Beschreiben des Sachverhalts	
• Beim Beschreiben werden äußerlich wahrnehmbare Fakten dargestellt. Es geht darum, **wie** ein Sachverhalt beschaffen ist. Erfasse das Typische. Achte darauf, dass du nichts Wesentliches vergisst. Formuliere in ganzen Sätzen und für alle verständlich.	• In der Nähe des Magneten bewegt sich die Kugel nicht mehr geradlinig. Sie wird in Richtung des Magneten abgelenkt.
3. Erklären des Sachverhalts	
• Beim Erklären wird die Frage nach dem Warum beantwortet. Es wird dargestellt, **warum** ein Sachverhalt so und nicht anders ist. • Beim Erklären müssen die bekannten physikalischen Gesetze oder Zusammenhänge genutzt werden. • Zum Erklären eines Sachverhalts können auch Modelle verwendet werden.	• Zwischen der Stahlkugel und dem Magneten wirkt eine anziehende Kraft. Dadurch wird die Stahlkugel auf eine krummlinige Bahn gezwungen.

SCHÜLEREXPERIMENT

1 Eigenschaften eines Permanentmagneten

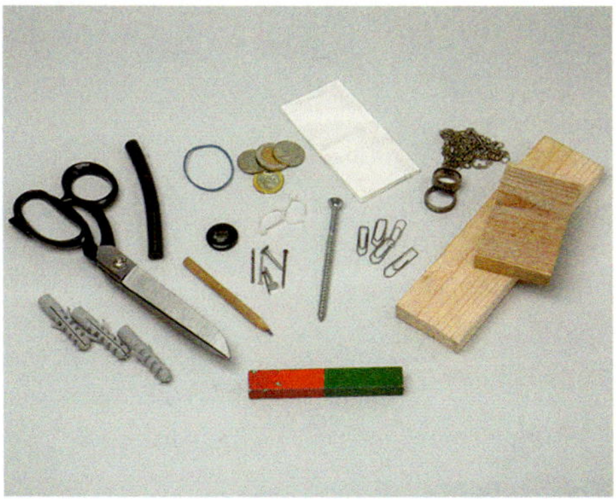

▸ 2 Materialproben

Ziel:

In diesem Schülerexperiment werden die Eigenschaften eines Permanentmagneten untersucht.

Vorbereitung:

- Du benötigst einen Stabmagneten, Büroklammern aus Metall, einen Eisenstab oder einen langen Eisennagel und verschiedene Materialproben (z. B. Holzstift, Kunststoffkleinteile, Schere, verschiedene Münzen, Schmuck, Papier).
- Lege dir dein Heft und einen Stift zurecht, um deine Beobachtungen zu notieren.

Durchführung:

Teil 1: **Stärke der Anziehung**

- Finde am Stabmagneten die Stellen mit der größten magnetischen Wirkung heraus, indem du den Magneten dicht über die Büroklammern hältst.
- Formuliere deine Erkenntnis in einem vollständigen Satz und unter Verwendung geeigneter Fachsprache. Notiere den Satz zusammen mit einer geeigneten Skizze in dein Heft.
- Hebe mit dem Magneten so viele Büroklammern wie möglich gleichzeitig an.
- Dokumentiere deine Erkenntnisse möglichst eindrucksvoll mit einem Foto.

Teil 2: **Verschiedene Materialien**

- Untersuche mithilfe des Magneten die magnetischen Eigenschaften deiner Materialproben. Erstelle in deinem Heft eine Tabelle und befülle sie.

Gegenstand	Material	wird angezogen
Nagel	Eisen	ja
Schreibblatt	Papier	...

Teil 3: **Identifizierung eines Magneten**

- Du hast zwei identisch aussehende Stäbe, von denen einer ein Magnet und der andere ein Eisenstab ist. Überlege dir ein Experiment, mit dem du ohne zusätzliche Hilfsmittel herausfinden kannst, welcher der beiden Stäbe ein Magnet ist.
- Überprüfe deine Vermutung, indem du dein geplantes Experiment durchführst. Verwende dafür den Stabmagneten und einen Eisenstab oder einen Eisennagel.
- Fertige eine Beschreibung sowie eine Skizze deines Experiments an und formuliere dann eine Erklärung.

Auswertung:

- Fertige ein Protokoll zum Versuch an.

Weiter gedacht

- Untersuche den Einfluss anderer Materialien auf die Wirkung eines Permanentmagneten, indem du verschiedene Körper (z. B. Papier, Eisenplatte) zwischen den Magneten und einer Büroklammer bringst. Beschreibe deine Beobachtungen und formuliere einen Merksatz.

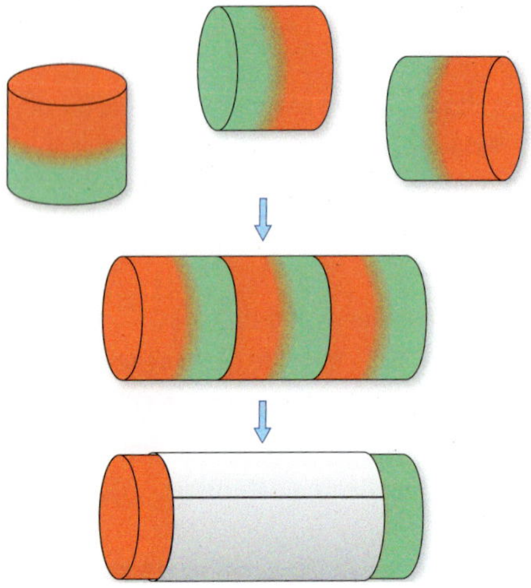

▸ 1 Aus kleinen Permanentmagneten wird ein großer Stabmagnet.

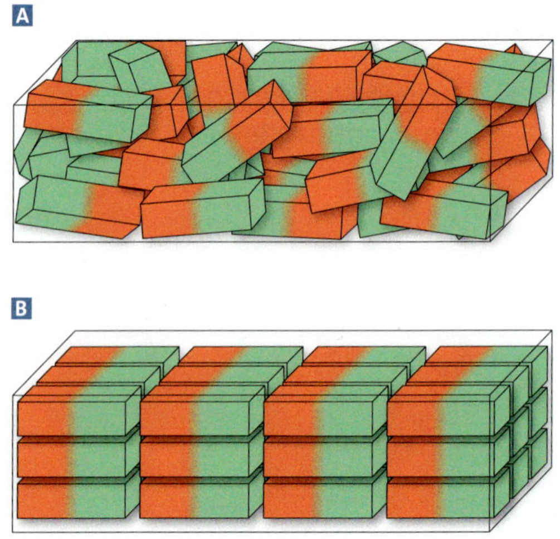

▸ 3 Modell der Elementarmagnete in einem Eisenstück **A** ungeordnet **B** angeordnet

Elementarmagnete

Ein Stabmagnet hat an seinen Polen die stärkste Wirkung. In der Mitte des Stabmagneten ist seine Wirkung am schwächsten. Reiht man drei kleine Permanentmagnete aneinander, wirken sie nach außen wie ein gewöhnlicher Stabmagnet (▸ 1). Die stärkste Wirkung hat der zusammengesetzte Stab an den Enden, während er in der Mitte kaum eine Wirkung aufweist.

Im Umkehrschluss lässt sich ein Stabmagnet in immer kleinere Magnete aufteilen (▸ 2), bis man in Gedanken zu **Elementarmagneten** gelangt. Sie stellen winzige Bereiche dar, die sich jeweils wie ein einzelner Magnet verhalten. Bei dieser Vorstellung handelt es sich um ein physikalisches Modell, mit dem sich wichtige magnetische Eigenschaften von Materialien erklären lassen. Nach diesem Modell ist jeder ferromagnetische Körper aus Elementarmagneten aufgebaut, die innerhalb des Körpers einen festen Platz besitzen und sich drehen können.

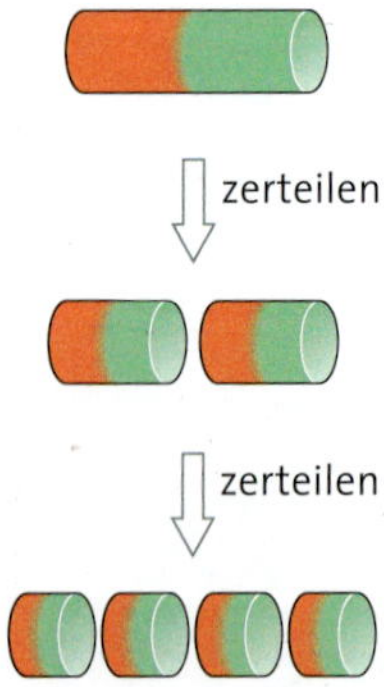

▸ 2 Teilung eines Magneten

In der Modellvorstellung bestehen alle magnetischen und ferromagnetischen Körper aus winzigen beweglichen Elementarmagneten.

In einem ferromagnetischen Körper sind die Elementarmagnete zunächst völlig ungeordnet. (▸ 3 A). Die Elementarmagnete zeigen in beliebige Richtungen, wodurch sie ihre Wirkungen nach außen hin aufheben. Der Körper wirkt daher nicht magnetisch. Man sagt, der Körper ist **unmagnetisiert.**

Bei einem Permanentmagneten sind die Elementarmagnete nach einem festen Muster angeordnet (▸ 3 B). Alle Elementarmagnete sind so ausgerichtet, dass sie in die gleiche Richtung zeigen. In dieser Anordnung ist die Wirkung in der Mitte des Magneten am schwächsten. Zerteilt man den Permanentmagneten in zwei Hälften, bleiben die Elementarmagnete weiterhin in ihrer Anordnung. An den Bruchstellen entstehen wieder magnetische Pole, sodass beide Hälften nach außen hin einen eigenständigen Magneten mit einem Nord- und einem Südpol bilden. Es ist daher nicht möglich, Magneten mit nur einem Pol herzustellen.

Es gibt keine Magnete mit nur einem magnetischen Pol. Beim Teilen eines Magneten entstehen jeweils neue Magnete mit Nord- und Südpol.

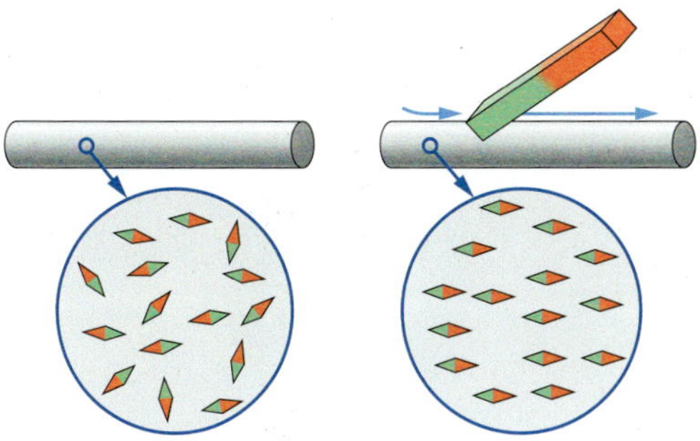

▸ 4 Ein Körper wird magnetisiert.

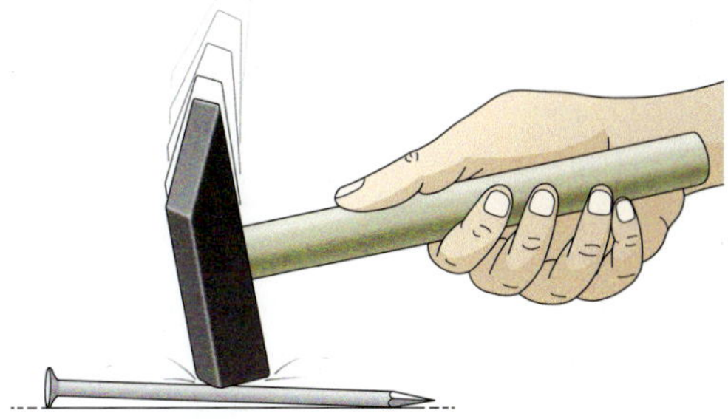

▸ 5 Erschütterungen entmagnetisieren.

Magnetisieren und Entmagnetisieren

Mithilfe eines Permanentmagneten kann man die Ausrichtung der Elementarmagnete im ferromagnetischen Körper beeinflussen. Am einfachsten funktioniert dies, indem man mit dem Permanentmagneten über den ferromagnetischen Körper streicht.

Streicht man mit einem Permanetmagneten über einen zuvor unmagnetischen Eisennagel, wird dieser **magnetisiert.** Durch das Streichen richten sich die Elementarmagnete so aus, dass sie alle in die gleiche Richtung zeigen (▸ 4). Der Eisennagel wirkt nun selbst magnetisch.

> Wird ein ferromagnetischer Körper mithilfe eines Permanentmagneten magnetisiert, richten sich dabei die beweglichen Elementarmagnete so aus, dass alle in die gleiche Richtung zeigen.

Nähert man einem magnetisierten Körper eine kleine Kompassnadel, richtet sich die Kompassnadel entsprechend der Polung des magnetisierten Körpers aus. Mit einer Kompassnadel (S. 23) können magnetisierte Körper nachgewiesen werden. Auch das Anheben von Büroklammern mithilfe eines magnetisierten Körpers dient als Nachweis der Magnetisierung.

Diese Magnetisierung ist aber meist nicht von Dauer, sondern nimmt mit der Zeit wieder ab. Man sagt, der Körper wird **entmagnetisiert.**

Bei der Entmagnetisierung müssen die einheitlich ausgerichteten Elementarmagnete wieder in Unordnung gebracht werden. Eine heftige Erschütterung reicht dazu in der Regel aus. Nach ein paar Schlägen mit einem Hammer auf den magnetisierten Eisennagel ist dieser nicht länger magnetisch (▸ 5). Auch starke Hitze führt im magnetisierten Körper zu einer Unordnung der Elementarmagnete.

Die Temperatur hängt vom Magnetmaterial ab: Neodym-Magnete verlieren ihre Wirkung ab etwa 80 °C, Ferritmagnete ab 250 °C.

> Durch Erschütterung oder starke Hitze werden magnetisierte Körper entmagnetisiert. Dabei wird die einheitliche Anordnung der Elementarmagnete im Inneren des Körpers durcheinander gebracht.

Durch starke Erschütterung oder Hitze werden sogar Permanentmagnete entmagnetisiert.

EXPERIMENTE UND AUFGABEN

1 Erstelle ein Plakat, auf dem du das Magnetisieren und Entmagnetisieren eines ferromagnetischen Körpers mithilfe des Modells der Elementarmagnete erklärst. Skizziere den Sachverhalt, um deine Erklärung zu unterstützen.

2 **Magnetisierung**

Material:

Eisennagel, Permanentmagnet

Durchführung:

Magnetisiere einen Eisennagel mithilfe eines Permanentmagneten. Überlege dir einen Nachweis für die Magnetisierung.

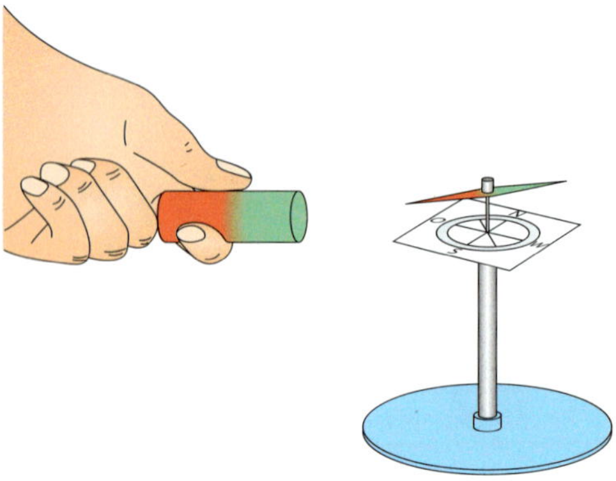

▸ 1 Eine Magnetnadel richtet sich aus.

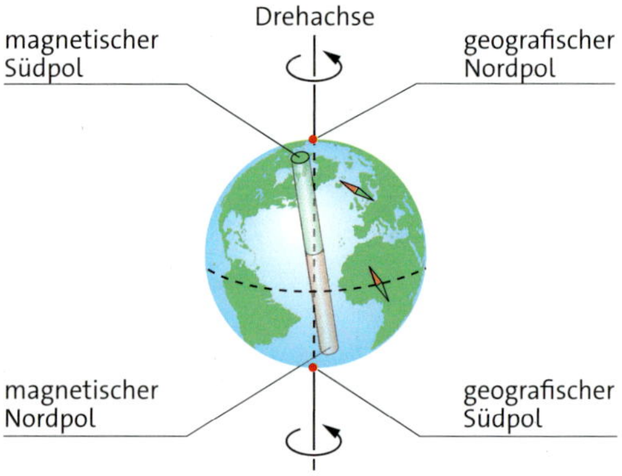

▸ 2 Die Erde ist ein riesiger Magnet.

Erdmagnetfeld

Bringt man eine drehbar gelagerte Magnetnadel in die Nähe eines zweiten Magneten, richtet sie sich so aus, dass ihr Nordpol in Richtung des Südpols des Stabmagneten zeigt (▸ 1).

Aber auch ohne den zweiten Magneten bewegt sich die Magnetnadel nach einer beliebigen Auslenkung jedes Mal wieder in die gleiche Position. Ihr Nordpol zeigt in Richtung Norden. Da sich ungleichnamige Magnetpole anziehen, muss sich am geografischen Nordpol der Erde ein magnetischer Südpol befinden.

> Nahe dem geografischen Nordpol der Erde liegt ein magnetischer Südpol.
> Nahe dem geografischen Südpol der Erde liegt ein magnetischer Nordpol.

Im Altertum vermutete man, dass der Polarstern für die Ausrichtung der Magnetnadeln verantwortlich sei. Der Polarstern zeigte damals wie heute in Richtung Norden und wurde vor allem zur Navigation auf hoher See genutzt. Später im 16. Jahrhundert nahm man an, im Nordmeer befinde sich ein riesiger Magnetberg, der für die allgegenwärtige magnetische Wirkung auf der Erde verantwortlich sei.

Heute weiß man, dass der Grund für die Ausrichtung der Magnetnadel darin liegt, dass die Erde selbst ein großer Magnet ist. Die magnetische Wirkung der Erde ist vor allem darauf zurückzuführen, dass im Erdinneren u. a. heißes flüssiges Eisen auf- und abströmt. Diese ständige Bewegung im Erdinneren bewirkt, dass sich die Erde wie ein riesiger Stabmagnet verhält (▸ 2). Daher richtet sich eine Magnetnadel entsprechend aus.

AUS DER NATUR

▸ 3 Missweisung

Missweisung

Die geografischen und magnetischen Pole der Erde fallen nicht genau zusammen, sodass die Magnetnadel nicht genau in Nord-Süd-Richtung zeigt. Während der geografische Nordpol direkt an der Drehachse der Erde liegt, befand sich der magnetische Südpol im Jahr 2018 etwa 1000 km von ihm entfernt auf einer kanadischen Insel. Jedes Jahr ändern die magnetischen Pole der Erde ihre Position. Die Abweichung der Magnetnadel vom geografischen Nordpol hängt von ihrer Position auf der Erde ab und wird Missweisung oder geografische Deklination genannt (▸ 3). Für München beträgt die Abweichung zwischen der Richtung einer Magnetnadel und der geografischen Nord-Süd-Richtung etwa 2°.

▸ 4 Kompass mit Windrose

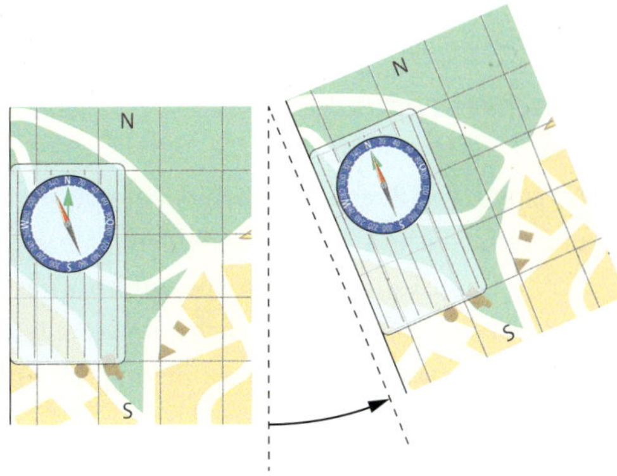

▸ 5 Eine Karte wird eingenordet.

Kompass

Um sich in der Natur zu orientieren, verwenden Menschen seit Hunderten von Jahren den Kompass als Hilfsmittel. Bereits im 11. Jahrhundert gelang es Chinesen, die Himmelsrichtung mit einem magnetischen Kompass zu bestimmen. Dieser chinesische Kompass war eine schwimmende Kompassnadel, die sich entsprechend der Erdmagnetpole ausrichtete. Da auf diesem chinesischen Kompass anders als bei uns der Süden als Hauptrichtung markiert war, nannte man diesen Kompass auch Südweiser.

In einem Kompass ist eine Magnetnadel drehbar in einem Gehäuse gelagert. Die Magnetnadel bildet den Zeiger und besteht aus einem magnetisierten ferromagnetischen Stoff. Ohne äußere Störungen richtet sich die Magnetnadel näherungsweise in Nord-Süd-Richtung aus. Meist ist im Kompass eine Winkelskala oder eine Windrose angebracht, sodass sich die Himmelsrichtungen leicht ablesen lassen (▸ 4).

Mit einem Kompass kann man seine Bewegungsrichtung bestimmen. Bei Bedarf kann man seine Richtung ändern oder beibehalten. Möchte man sich mithilfe einer Karte orientieren, sollte man diese erst **einnorden.** Das bedeutet, dass man die Karte nach Norden ausrichtet (▸ 5). Dann befinden sich die Ziele auf der Karte in der gleichen Richtung wie in der Wirklichkeit. Dies erleichtert die Orientierung sehr.

AUFGABEN

1 Nenne die wichtigsten Eigenschaften des Erdmagnetfeldes.

2 Norde den Stadtplan deiner Stadt mithilfe eines Kompasses ein. Zeige deiner Klasse die Richtung, in der sich dein Zuhause, der Sportplatz und andere Orte deiner Stadt befinden.

3 Bei der Orientierung mit einem Kompass musst du darauf achten, dass sich keine Magnete in der Nähe befinden. Erkläre diesen Hinweis.

4 Inzwischen verlassen sich viele Wanderer statt auf einen Kompass auf moderne Hilfsmittel wie ein GPS-Gerät.
a) Informiere dich im Internet über die Abkürzung GPS und über die Methode dieser Orientierung.
b) Stelle Vor- und Nachteile bei der Orientierung mit einem Kompass und mit einem GPS-Gerät gegenüber.
c) Nenne jeweils eine Situation, in der du einmal einen Kompass und einmal ein GPS-Gerät zur Orientierung bevorzugen würdest.

5 Tom möchte sich mit dem Kompass seines Smartphones orientieren (▸ 6). Gib die Richtung an, in die er sich gerade bewegt und in die er sich drehen muss, um nach Westen zu gehen.

▸ 6 Kompass-App

▸ 1 Euromünzen

PHYSIK IM ALLTAG

Falschgeld entlarven

Abhängig von ihrem Wert haben Euromünzen unterschiedliche Eigenschaften: Merkmale wie Größe, Dicke, Farbe, Gewicht und Aufdruck helfen dabei, sie schnell und einfach unterscheiden zu können. Auch Material und Riffelung spielen eine große Rolle (▸ 1).

Aufgrund ihres Materials haben die Münzen zudem unterschiedliche magnetische Eigenschaften: die 1-, 2- und 5-Cent-Stücke bestehen aus Eisen mit einer dünnen Kupferummantelung und sind stark ferromagnetisch. Die 10-, 20- und 50-Cent-Münzen lassen sich überhaupt nicht von einem Magneten anziehen, da sie größtenteils aus Kupfer bestehen. Die 1- und 2-Euro-Münzen sind ebenfalls ferromagnetisch, allerdings fast nur im nickelhaltigen Kernbereich und insgesamt nicht besonders stark. Demnach werden sie zwar von einem Magneten angezogen, lassen sich aber leicht wieder abschütteln.

All diese Eigenschaften helfen dabei, die einzelnen Münzsorten zu trennen, beispielsweise in einer Zählmaschine für Münzgeld. Das unterschiedliche magnetische Verhalten der Euromünzen hilft außerdem dabei, echte Münzen von Falschgeld zu unterscheiden. Im Gegensatz zu echten Münzen sind falsche 1-Euro- oder 2-Euro-Münzen in der Regel entweder gar nicht magnetisch oder sie werden sehr stark von einem Magneten angezogen. Außerdem ist bei falschen Euromünzen oftmals auch das Material des Rings magnetisch. Mithilfe eines einfachen Magnettests lassen sich falsche und echte Euromünzen leicht voneinander unterscheiden.

1 Erkläre eine Methode, bei der du mithilfe eines Magneten falsche 2-Euro-Münzen von echten unterscheiden kannst.

2 Beschreibe eine Methode, mit der man mit einem Magneten eine 2-Euro-Münze von einem 10-Cent-Stück unterscheiden kann.

3 **a)** Recherchiere im Internet nach dem Material, aus dem Münzen aus den USA bestehen, und schließe mit dieser Information auf deren magnetische Eigenschaften.
b) In den USA ist es weniger wichtig, falsche von echten Münzen zu unterscheiden. Erkläre den Grund für diese Aussage mithilfe geeigneter Fachsprache.

Wert	Material	ferromagnetisch
1 Cent		
2 Cent	Eisen mit Kupferummantelung	ja
5 Cent		
10 Cent	Nordisches Gold: Das ist eine Legierung, also ein Metallgemisch, aus Kupfer (89 %), Aluminium (5 %), Zink (5 %) und Zinn (1 %)	nein
20 Cent		
50 Cent		
1 Euro	Ring: Nickel-Messing (Messing ist eine Legierung aus Kupfer und Zinn) Kern: Kupfer-Nickel-Legierung	Ring: nein Kern: ja
2 Euro	Ring: Kupfer-Nickel-Legierung Kern: Messing	

AUS DER NATUR

Magnetsinn in der Tierwelt

▸ 2 Zugvögel orientieren sich am Erdmagnetfeld.

▸ 3 Schildkröten haben einen Magnetsinn.

Viele Tiere haben einen außergewöhnlich gut ausgeprägten Seh- und Geruchssinn, der es ihnen ermöglicht, sich weit besser als der Mensch in der freien Natur zu orientieren. Einige Tiere verfügen über eine weitere hilfreiche Fähigkeit, um sich zurecht zu finden: den Magnetsinn. Besonders gut erforscht ist dieser Magnetsinn bei Vögeln. Aber auch viele andere Tiere verfügen über einen nachweisbaren Magnetsinn: Dazu gehören neben Ameisen und Honigbienen auch Salamander, Frösche, Ratten und Mäuse.

All diese Tiere nehmen das Magnetfeld der Erde wahr, um sich mit dessen Hilfe zu orientieren. Vögel nutzen ihren Magnetsinn, um auf ihren Vogelzugrouten Richtung Norden oder Süden nicht vom Kurs abzukommen (▸ 2).

Vor mehr als 50 Jahren untersuchte man in einer Versuchsreihe, wie Vögel auf ein künstlich erzeugtes Magnetfeld reagieren. Die durch das veränderte Magnetfeld getäuschten Vögel flogen anfangs in eine andere Richtung als die Vögel, die nicht beeinflusst worden waren. Erst nach einer Weile stellte sich die Orientierung am Erdmagnetfeld wieder ein.

Insgesamt ist die Erforschung des Magnetsinns bei Tieren sehr schwierig. Seit längerer Zeit versucht man herauszufinden, wo dieser Sinn gelagert ist. Es wird vermutet, dass er bei Vögeln in der Netzhaut ihrer Augen liegt. Der Magnetsinn ist allerdings nicht die einzige Möglichkeit für Tiere, sich zu orientieren. Sie nutzen zur Orientierung zusätzlich den Stand der Sonne und die Sterne.

Auch Meeresschildkröten orientieren sich am Magnetfeld der Erde. Mithilfe ihres Magnetsinns gelingt es ihnen, auch Jahre nach dem Schlüpfen wieder an den gleichen Strand zurückzukehren, wo sie geschlüpft sind, um dort ihre Eier abzulegen (▸ 3). Inzwischen wird sogar bei Hunden, Füchsen und Rindern ein Magnetsinn vermutet. Bei Menschen konnte allerdings noch kein Spürsinn für das Erdmagnetfeld nachgewiesen werden.

1 Fasse die wichtigsten Informationen über den Magnetsinn bei Tieren zusammen.

2 Begründe den ausgesprochen großen Nutzen des Magnetsinns insbesondere bei Zugvögeln.

EXPERIMENTE UND AUFGABEN

1 Im Bild unten siehst du zwei Magnete, die jeweils an Schnüren frei beweglich aufgehängt sind. Begründe die Polung der beiden Magnete.

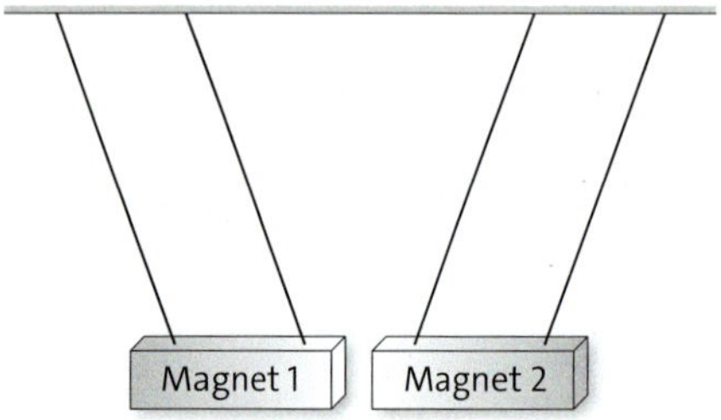

2 Dein Freund zerbricht versehentlich einen Stabmagneten in zwei Teile. Beschreibe ihm die magnetische Wirkung der beiden Bruchteile. Fertige dazu eine geeignete Skizze an.

3 Ein Scheibenmagnet schwebt über einem zweiten Magneten. Erkläre die Folge, wenn man den oberen Magneten umdreht.

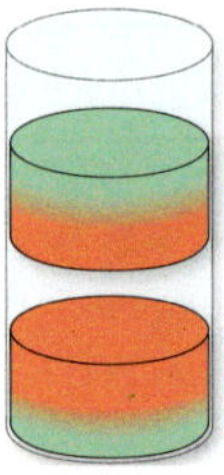

4 Unten siehst du einen Magneten und ein Metallstück, die jeweils an Schnüren frei beweglich aufgehängt sind. Tina behauptet, dass es sich bei dem Metallstück um ein unmagnetisiertes Eisenstück handeln könnte. Nimm zu dieser Aussage Stellung.

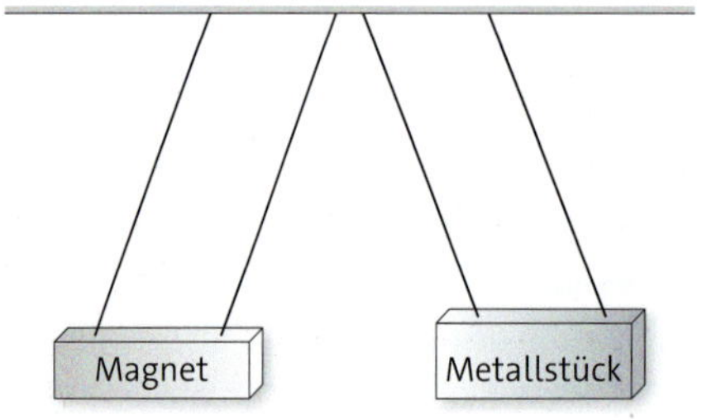

5 **Magnetischer Eisennagel**

Material:

Eisennägel, Permanentmagnet

Durchführung:

Streicht man mit einem Permanentmagneten mehrmals gleichmäßig in gleicher Richtung an einem Eisennagel entlang, wird der Nagel magnetisiert.

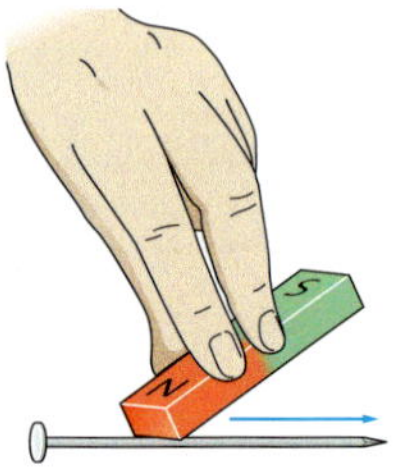

a) Stelle selbst einen solchen magnetisierten Nagel her.

b) Finde die Anzahl an kleinen Eisennägeln heraus, die du mit deinem so erzeugten Magneten anheben kannst.

c) Entmagnetisiere den Nagel und versuche erneut Eisennägel anzuheben.

6 Erkläre den Unterschied zwischen einem Permanentmagneten und einem Körper aus einem ferromagnetischen Stoff.

7 Erkläre mithilfe des Modells der Elementarmagnete die Entmagnetisierung eines magnetisierten Nagels, wenn man mit einem Hammer fest darauf schlägt.

8 Um den dunklen Kasten (Blackbox) richten sich die kleinen Magnetnadeln wie in der Abbildung aus. Stelle eine begründete Vermutung über den Inhalt in der Blackbox mithilfe einer eigenen Skizze auf.

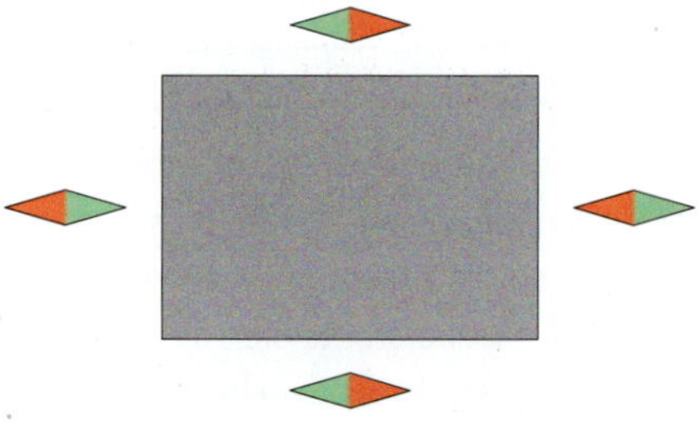

9 Beschreibe schriftlich die im unteren Bild dargestellte Situation. Verwende dabei die gelernten Fachbegriffe.

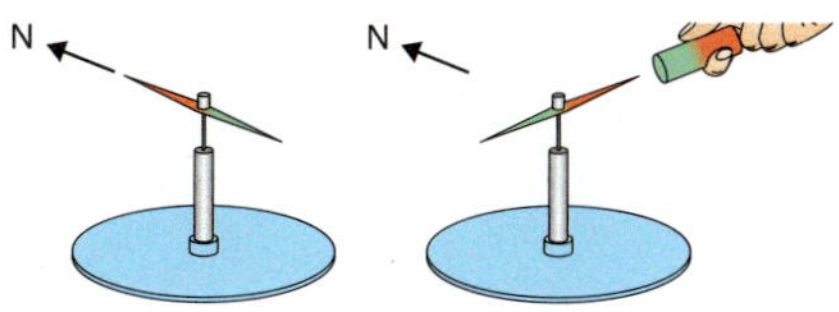

a) vorher **b)** nachher

10 Schwimmender Magnet

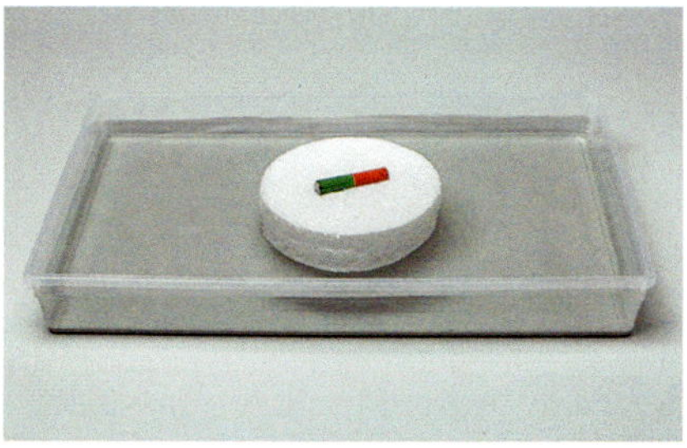

Material:

Wanne, Styroporbrett, Magnet

Durchführung:

a) Baue deinen schwimmenden Magneten wie im Bild auf.

b) Bewege dein Magnetschiff anschließend mithilfe eines zweiten Magneten.

c) Erkläre mithilfe deines schwimmenden Magneten, dass sich die Erde wie ein riesiger Stabmagnet verhält.

11 Eine Firma entwickelt eine Müllsortiermaschine. Erkläre mithilfe der Abbildung die Funktionsweise dieser Maschine.

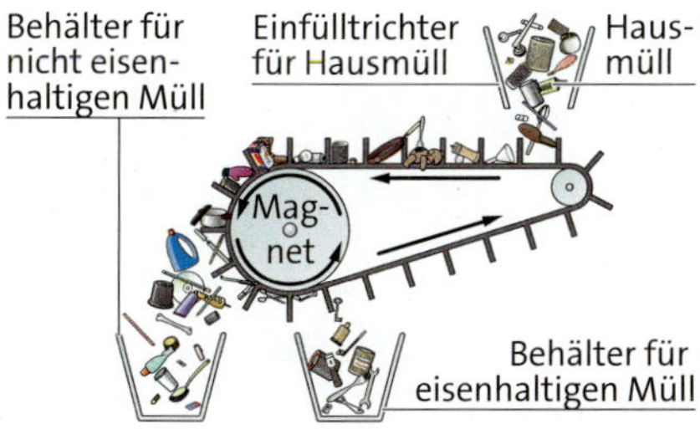

12 Begründe die Regel, dass man Magnete nicht fallen lassen sollte.

13 Erkläre die Ausrichtung einer Magnetnadel in Nord-Süd-Richtung.

14 Erläutere den Begriff „Einnorden". Führe das Einnorden selbst mithilfe eines Kompasses und einer Landkarte durch.

15 Erkläre die Funktionsweise eines einfachen Kompasses und begründe die Tatsache, dass nicht jedes beliebige Material für das Gehäuse verwendet werden kann.

16 Julians Hausschlüssel (aus Eisen) ist durch das schwere Gitter des Abtreters gefallen. Julian kann das Gitter nicht anheben. Erläutere eine Methode, mit der Julian seinen Schlüssel mithilfe eines Magneten und eines langen Schraubenziehers wieder zurückbekommen kann.

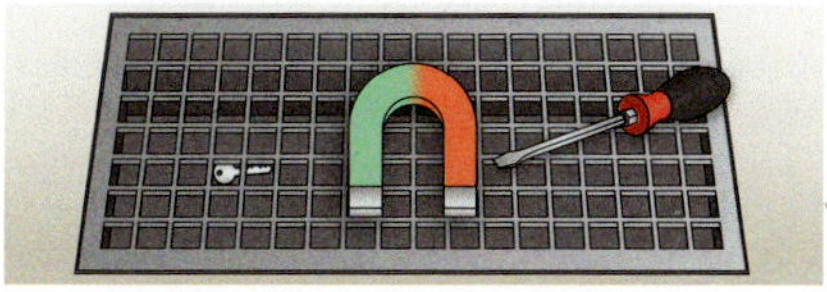

17 Hängender Eisennagel

Material:

Permanentmagnete, Eisennagel, Halterung

Durchführung:

a) Spanne den Magneten senkrecht in eine Halterung. Hänge unten an den Nordpol des Magneten einen Nagel.

b) Nähere dich mit dem Südpol eines zweiten Magneten dem unteren Ende des Nagels. Erkläre deine Beobachtung.

c) Wiederhole den Versuch und nähere dich dem Nagel nun mit dem Nordpol des Magneten. Erkläre deine Beobachtung.

▸ 1 Schwer und groß

2 Dichte als Materialeigenschaft

Masse

Beim Anheben einer Schultasche spürt man, wie schwer sie ist. Wie schwer sie genau ist, kann man beim Anheben nicht sagen. Es ist aber möglich, durch einen Vergleich festzustellen, ob die Schultasche schwerer oder leichter ist als eine andere. Dazu kann man die Taschen gleichzeitig mit beiden Händen anheben.

Formelzeichen
Maßzahl
Einheit
m = 5 kg

Um zu beschreiben, wie schwer ein Körper ist, verwendet man in der Physik den Begriff **Masse.** Die Masse ist eine physikalische Größe, die mit einem Formelzeichen abgekürzt wird und aus einer Maßzahl und einer Einheit besteht.

Die **Masse** ist eine Körpereigenschaft.
Sie beschreibt, wie schwer ein Körper ist.
Formelzeichen: m
Einheit: 1 kg

1000 mg = 1 g
1000 g = 1 kg
1000 kg = 1 t

Wenn die Masse angibt, wie schwer ein Körper ist, dann bedeutet das nicht, dass ein schwereloser Astronaut im Weltall keine Masse mehr aufweist. Im Alltag hört man häufig das Wort Gewicht. In der Physik ist das Gewicht nicht gleichbedeutend mit der Masse. Es ist daher wichtig, auf richtige Fachbegriffe zu achten. Ein Astronaut ist im Weltall daher zwar gewichtslos, aber nicht masselos.

Um die Masse genau zu bestimmen, benutzt man eine Waage. Eine Waage vergleicht die Masse des Gegenstandes mit bekannten Massen. Früher wurden Körper mithilfe von Balkenwaagen gewogen (▸ 2). Heute benutzt man meist Digitalwaagen.

▸ 2 Massebestimmung mit einer Balkenwaage

▸ 3 Einfache Volumenbestimmung

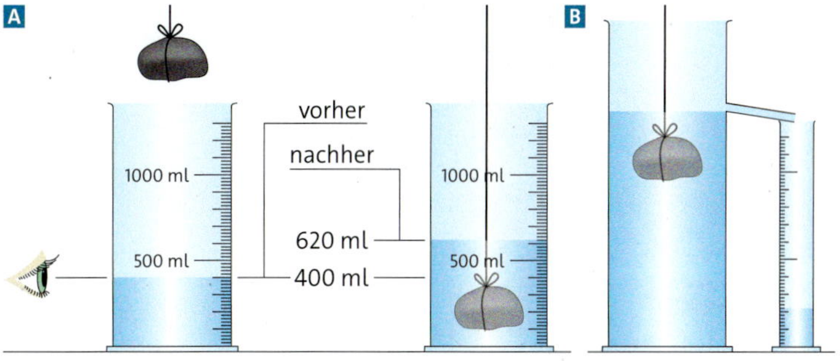

▸ 4 **A** Differenzmethode und **B** Überlaufmethode

Volumen

Körper können nicht nur unterschiedlich schwer sein, sie sind auch unterschiedlich groß oder klein. Jeder Körper nimmt einen bestimmten Raum ein. Diesen Rauminhalt nennt man **Volumen** des Körpers.

> Das Volumen ist eine Körpereigenschaft. Es gibt an, welchen Raum ein Körper einnimmt.
> Formelzeichen: V
> Einheit: $1\,m^3$ (Kubikmeter)

Bei quaderförmigen Körpern kann das Volumen sehr leicht berechnet werden (▸ 3). Man misst z.B. die Seitenlängen einer Orangensafttüte mit einem Lineal oder einem Maßband und multipliziert sie miteinander. Das Volumen der Safttüte beträgt dann:

$$V_{\text{Saft}} = h \cdot l \cdot b = 20\,\text{cm} \cdot 9\,\text{cm} \cdot 6\,\text{cm} = 1080\,\text{cm}^3$$

Bei unregelmäßig geformten Körpern wie einem Stein ist das nicht so einfach möglich. Um das Volumen unregelmäßig geformter Körper zu bestimmen, nutzt man das folgende Prinzip: Taucht man einen Stein in ein Gefäß mit Wasser, steigt der Wasserspiegel in dem Gefäß an. Der Stein nimmt einen Raum ein, in dem zuvor Wasser war, und verdrängt das Wasser an dieser Stelle. Das verdrängte Wasser hat also das gleiche Volumen wie der Stein. Der Anstieg des Wasserpegels entspricht dem Volumen des Steins.

Das Volumen von Flüssigkeiten misst man häufig in der Einheit Liter (1 l) oder Milliliter (1 ml). Über eine Skala in einem Messzylinder kann das anfängliche Wasservolumen V_1 abgelesen werden (▸ 4 A). Wird nun der Stein in den Messzylinder getaucht, steigt der Wasserpegel von V_1 auf V_2 an. Der Volumenanstieg entspricht genau dem Volumen des eingetauchten Steins. Man kann den Volumenanstieg über die Differenz von V_1 und V_2 berechnen:

$$V_{\text{Stein}} = V_2 - V_1 = 620\,\text{ml} - 400\,\text{ml} = 220\,\text{ml}$$

In einem Überlaufgefäß kann das durch den Stein verdrängte Wasser auch aufgefangen werden (▸ 4 B). Dabei ist darauf zu achten, dass zu Beginn der Wasserstand bis zur Überlauföffnung geht. Das Volumen des übergelaufenen Wassers kann anschließend über die Skala eines Messzylinders abgelesen werden.

$1\,m^3 = 1000\,dm^3$
$1\,dm^3 = 1000\,cm^3 = 1\,l$
$1\,cm^3 = 1\,ml$

AUFGABEN

1) Bestimme die Masse deiner Schultasche und nenne Gegenstände mit einer ähnlichen Masse wie deine Schultasche.
2) Beschreibe dein Vorgehen, wenn du die Masse und das Volumen eines Körpers möglichst genau bestimmen möchtest.
3) Erkläre den Vorteil, wenn bei der Volumenbestimmung unregelmäßig geformter Körper ein möglichst schmaler Messzylinder verwendet wird.

Volumengleiche Körper aus verschiedenen Stoffen haben unterschiedliche Massen			Massegleiche Körper aus verschiedenen Stoffen haben unterschiedliche Volumina		
1,00 cm^3 Wasser	1,00 cm^3 Holz	1,00 cm^3 Styropor	1,00 cm^3 Wasser	1,43 cm^3 Holz	33,33 cm^3 Styropor
1,00 g	0,70 g	0,03 g	1,00 g	1,00 g	1,00 g
$\rho = 1{,}00\,\frac{g}{cm^3}$	$\rho = 0{,}70\,\frac{g}{cm^3}$	$\rho = 0{,}03\,\frac{g}{cm^3}$	$\rho = 1{,}00\,\frac{g}{cm^3}$	$\rho = 0{,}70\,\frac{g}{cm^3}$	$\rho = 0{,}03\,\frac{g}{cm^3}$

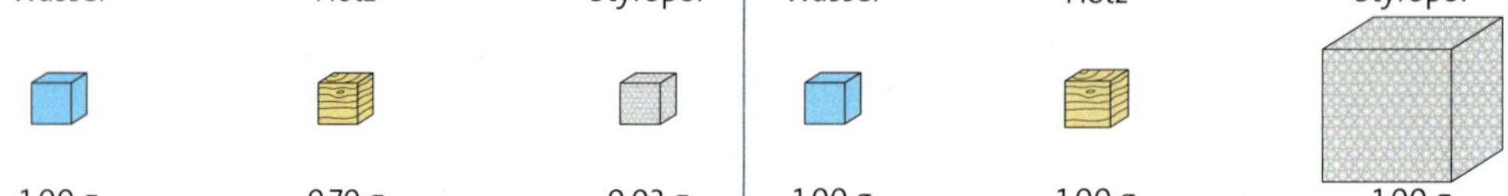

▸1 Körper haben verschiedene Dichten

Dichte

Körper weisen bei einem gegebenen Volumen V eine bestimmte Masse m auf. Ein Brett aus Buchenholz mit einer Länge von 100 cm, einer Höhe von 2 cm und einer Tiefe von 30 cm nimmt ein Volumen $V = 100\,cm \cdot 2\,cm \cdot 30\,cm = 6000\,cm^3$ ein. Legt man das Brett mit diesem Volumen auf eine Waage, zeigt sie 4140 g an.

Zersägt man das Holzbrett jedoch mittig, sodass es nur noch 50 cm lang ist, stellt man fest, dass es nur noch halb so schwer ist. Es wiegt jetzt 2070 g. Ein Holzbrett mit einer Länge von 120 cm muss wiederum schwerer sein als ein Holzbrett mit einer Länge von 100 cm bzw. 50 cm. Es wiegt nun 4968 g.

Bildet man für die verschiedenen Bretter aus Buchenholz den Quotienten aus Masse m und Volumen V, ist dieser Quotient immer gleich. Er beträgt $0{,}69\,\frac{g}{cm^3}$. Diesen Wert bezeichnet man in der Physik als Dichte.

> Die Dichte gibt an, welche Masse ein Kubikzentimeter (1 cm^3) Volumen eines Stoffes hat.
>
> Formelzeichen: ρ (Rho)
>
> Einheiten: $1\,\frac{kg}{m^3}$, häufig $1\,\frac{g}{cm^3}$

Die Dichte ist eine Materialeigenschaft. Jedes Material ist durch seinen eigenen Dichtewert gekennzeichnet (▸2). Anhand der Dichte kann man demzufolge auf das Material schließen.

Material	Dichte in $\frac{g}{cm^3}$
Luft	0,0013
Styropor	0,03
Buchenholz	0,69
Benzin	0,75
Alkohol	0,79
Spiritus	0,83
Eis	0,92
Wasser	1,00
CFK	1,50
Glas	2,50
Marmor	2,62
Aluminium	2,70
Eisen	7,86
Silber	10,50
Blei	11,34
Quecksilber	13,53
Gold	19,32

▸2 Dichte verschiedener Materialien

Kennt man Masse und Volumen eines Körpers, kann man die Dichte des Stoffes ermitteln.

> Die Dichte kann berechnet werden über
>
> $\rho = \frac{m}{V}$ — m Masse des Körpers, V Volumen des Körpers

Körper mit gleichem Volumen aus verschiedenen Stoffen haben unterschiedliche Massen. Der Körper aus dem Stoff mit der größeren Dichte hat auch die größere Masse (▸1 links). Körper mit gleicher Masse aus verschiedenen Stoffen haben unterschiedliche Volumina. Der Körper aus dem Stoff mit der größeren Dichte hat das kleinere Volumen (▸1 rechts).

AUFGABEN

1) Simon behauptet: „Eisen ist schwerer als Holz." Erkläre den physikalischen Fehler in dieser Aussage.

2) Lisa möchte ihr Aquarium mit einer kleinen Holzplanke und einem weißen Marmorstein verschönern. Als sie die beiden Gegenstände ins Wasser gibt, erlebt sie eine Überraschung: Nur der Stein sinkt auf den Boden. Die Holzplanke bleibt an der Wasseroberfläche. Recherchiere die Dichten der beiden Körper und vergleiche sie mit der Dichte von Wasser. Stelle eine Vermutung über die Bedingung auf, unter der ein Körper im Wasser sinkt bzw. auf der Wasseroberfläche schwimmt.

BEISPIEL

Aufgabe: Eine Tafel Schokolade ist 7,3 cm breit, 18,5 cm lang und 6,0 mm dick. Ihre Masse ist 100 g. Berechne die Dichte von Schokolade in der Einheit $\frac{g}{cm^3}$.

Gegeben: Masse $m = 100\,g$, Breite $b = 7{,}3\,cm$, Länge $l = 18{,}6\,cm$, Höhe $h = 6{,}0\,mm$

Gesucht: Dichte ρ

Rechnung:

$V = 7{,}3\,cm \cdot 18{,}5\,cm \cdot 0{,}60\,cm = 81{,}03\,cm^3$

$\rho = \frac{m}{V} = \frac{100\,g}{81{,}03\,cm^3} = 1{,}234\frac{g}{cm^3} = 1{,}2\frac{g}{cm^3}$

Da das Ergebnis nicht genauer sein kann als die Ausgangsdaten, musst du zum Schluss runden.

Lösung:

Die Dichte von Schokolade beträgt $1{,}2\frac{g}{cm^3}$.

Bei der Berechnung des Volumens müssen alle Längen in der gleichen Einheit vorliegen. Wandle also erst die 6,0 mm in 0,60 cm um.

BEISPIEL

Aufgabe: Ein Swimmingpool fasst ein Volumen von 90 000 l Wasser. Berechne die Masse des Wassers im Pool.

Gegeben: Volumen $V = 90\,000\,l$, Dichte von Wasser $\rho = 1{,}0\frac{g}{cm^3}$

Gesucht: Masse m

Rechnung:

$\rho = \frac{m}{V}$

$m = \rho \cdot V$

$= 1{,}0\frac{g}{cm^3} \cdot 90\,000\,000\,cm^3 = 90\,t$

Hilfsgleichung:

$3 = \frac{6}{2}$

$6 = 3 \cdot 2$

Lösung:

Die Masse des Poolwassers beträgt 90 Tonnen.

Bevor du Masse und Volumen multiplizierst, müssen die Volumeneinheiten übereinstimmen. Nur dann kannst du die Einheiten kürzen.

BEISPIEL

Aufgabe: Berechne das Volumen von 10 kg Styropor der Dichte $\rho = 0{,}034\frac{kg}{dm^3}$.

Gegeben: Masse $m = 10\,kg$, Dichte $\rho = 0{,}034\frac{g}{cm^3}$

Gesucht: Volumen V

Rechnung:

$\rho = \frac{m}{V}$

$V = \frac{m}{\rho}$

$= \frac{10\,000\,g}{0{,}034\frac{g}{cm^3}} = 294\,118\,cm^3 = 0{,}29\,m^3$

Hilfsgleichung:

$3 = \frac{6}{2}$

$2 = \frac{6}{3}$

Lösung:

Das Volumen des Styropors beträgt $0{,}29\,m^3$.

Bevor du Masse durch Dichte teilst, müssen die Masseneinheiten übereinstimmen. Nur dann kannst du die Einheiten kürzen.

BEISPIEL

Volumeneinheiten:

$1\,cm^3 = 1\,ml = 0{,}001\,l$

$1\,m^3 = 1000\,dm^3 = 1000\,l$

Masseneinheiten:

$1\,kg = 1000\,g$

$1\,t = 1000\,kg$

Dichteeinheiten:

Ein $1\,dm^3$ ist 1000-mal so groß wie $1\,cm^3$, also ist auch die Masse von $1\,dm^3$ eines Materials 1000-mal so groß wie die von $1\,cm^3$ aus dem gleichen Material. Entsprechend gilt:

$1\frac{g}{cm^3} = 1\frac{kg}{dm^3}$ $\quad$ $1\frac{kg}{dm^3} = 1000\frac{kg}{m^3}$

METHODE

Protokollieren

Viele Erkenntnisse werden in der Physik durch genaues Beobachten und durch Experimentieren gewonnen. Dabei ist es wichtig, Beobachtungen und Messwerte zu notieren, damit man sie überprüfen und mit den Ergebnissen anderer Personen vergleichen kann.
Als Beispiel betrachten wir die Bestimmung der Dichte eines quaderförmigen Körpers.

Allgemeine Schritte	Beispiel
1. Vorbereiten der Beobachtung oder der Messung	
• Was soll beobachtet oder experimentell untersucht werden? • Welche Geräte und Hilfsmittel sind erforderlich?	• Es soll die Dichte eines Quaders ermittelt werden. Dazu müssen Masse und Volumen bestimmt werden. • Zur Messung erforderlich sind eine Waage und ein Lineal.
2. Durchführen der Beobachtung oder der Messung	
• Alle Beobachtungen werden dokumentiert. Dazu gehören bei manchen Beobachtungen auch Zeit und Ort. • Messwerte werden übersichtlich notiert, z. B. in einer Messwertetabelle.	• Die Masse wird mit einer Waage bestimmt. Mit einem Lineal werden Länge, Breite und Höhe des Quaders gemessen. • Die Messwerte werden im Protokoll erfasst.
3. Auswerten der Beobachtung oder der Messung	
• Beobachtungen werden gedeutet und Erklärungen gesucht. • Messwerte werden ausgewertet, notwendige Berechnungen durchgeführt. • Das Ergebnis wird formuliert.	• Aus Länge l, Breite b und Höhe h kann das Volumen V mit Gleichung $V = l \cdot b \cdot h$ berechnet werden. Aus Masse und Volumen erhält man die Dichte $\rho = \frac{m}{V}$. • Die Dichte des Körpers beträgt $\rho = ...$

So kannst du ein Protokoll gestalten.

Name: Erika Mustermann **Klasse:** 7b **Datum:** 21.10. ....

Aufgabe:
Nennen der Aufgabenstellung
(z. B.: Bestimme experimentell die Dichte eines quaderförmigen Körpers.)

Vorbereitung:
Geräte und Hilfsmittel für die Beobachtung oder die Messung, Skizze der Versuchsanordnung
(z. B.: Waage und Lineal als Messgeräte, eine Skizze ist hier nicht erforderlich)

Durchführung:
Dokumentieren von Beobachtungen, Messen und Notieren der Messwerte

Auswertung:
Auswerten der Beobachtungen, Durchführen von Berechnungen, Formulieren des Ergebnisses unter Berücksichtigung der Messungenauigkeit

METHODE

Messgenauigkeit

Beim Experimentieren werden Größen gemessen, für die man unterschiedliche Messgeräte nutzt. Der gemessene Wert weist immer eine Messungenauigkeit auf. Sie kommt zustande, weil man mit einem Messgerät immer nur mit einer bestimmten Genauigkeit messen kann. Hinzu kommt, dass die Messgeräte selbst ungenau sind, auch wenn diese Ungenauigkeit meist vernachlässigbar ist. Darüber hinaus können auch Ablesefehler auftreten.

Bei Messgeräten mit analoger Anzeige (Skala) beträgt die Messungenauigkeit die Hälfte des kleinsten Skalenwerts, also z. B. ±0,5 mm bei einem Lineal mit mm-Teilung oder ±1 ml bei einem Messzylinder mit 2-ml-Teilung. Messgeräte mit digitaler Anzeige (Ziffern) weisen eine Abweichung um 1 von der letzten angezeigten Ziffer als Messungenauigkeit auf. Eine Digitalwaage, die 156 g anzeigt, hat also eine Messungenauigkeit von ±1 g.

So hat z. B. ein Lineal eine mm-Teilung. Damit kann man auf 1 mm genau messen und auf 0,5 mm (einen halben Skalenteil) genau schätzen. Auf $\frac{1}{10}$ mm genau kann man damit aber nicht messen.

Allgemeine Schritte	Beispiel
1. Auswahl zweckmäßiger Messgeräte	
Wähle Messgeräte aus, bei denen die Messungenauigkeit für die geplanten Messungen möglichst klein ist.	Die Bestimmung der Masse erfolgt mit einer elektronischen Waage. Für die Volumenbestimmung wird ein Messzylinder mit Milliliter-Skala gewählt.
2. Durchführung der Messungen	
Ermittle die Messwerte. Beachte dabei die Regeln für ein möglichst genaues Messen.	Der Messzylinder muss waagerecht stehen. Der Körper muss vollständig eingetaucht sein. Du musst genau von der Seite in Höhe der Wasseroberfläche ablesen. Eine Wiederholung der Messung verringert die Gefahr von groben Fehlern.
3. Bewertung der Messungenauigkeit bei den verwendeten Messgeräten	
In Abhängigkeit von den verwendeten Messgeräten wird die Messungenauigkeit abgeschätzt. Das Ergebnis wird mit der Messungenauigkeit angegeben.	Für die Masse erhält man: $m = 151\,g \pm 1\,g$ Für das Volumen ergibt sich: $V = 56\,cm^3 \pm 1\,cm^3$
3. Auswerten der Beobachtung oder der Messung	
Werden mit Messwerten Berechnungen durchgeführt, dann weist auch das Ergebnis der Berechnung eine Ungenauigkeit auf. Der wahre Wert liegt zwischen dem kleinsten und dem größten Wert des Ergebnisses.	Für die Dichte ergibt sich: $\rho = \frac{151\,g}{56\,cm^3} = 2{,}7\,\frac{g}{cm^3}$ Bei Berücksichtigung der Messungenauigkeit beider Größen erhält man: $\rho_{klein} = \frac{150\,g}{57\,cm^3} = 2{,}6\,\frac{g}{cm^3}$ $\rho_{groß} = \frac{152\,g}{55\,cm^3} = 2{,}8\,\frac{g}{cm^3}$

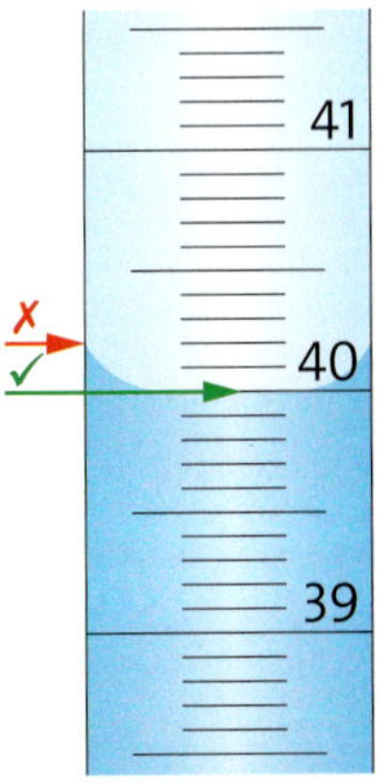

▸1 Achte darauf, das richtige Volumen abzulesen.

Beachte bei Berechnungen: Die Ergebnisse sind sinnvoll zu runden. Sie können nicht genauer als die Ausgangsdaten sein.

SCHÜLEREXPERIMENT

1 Dichte bestimmen

▸ 1 Dichtebestimmung von Schrauben

Ziel:

In diesem Schülerexperiment bestimmst du die Dichte von Schrauben und schließt auf deren Material.

Vorbereitung:

- Du benötigst für das Experiment ein Überlaufgefäß, einen Messzylinder, eine Waage und einige gleiche Schrauben.
- Lege dir dein Heft und einen Stift zurecht, um deine Beobachtungen zu notieren.

Durchführung:

Teil 1: **Differenzmethode**

- Bestimme die Masse einiger Schrauben durch Wiegen.
- Bestimme das Volumen einer Schraube, indem du den Anstieg des Wasserpegels im Messzylinder misst. Notiere das Volumen in deinem Heft.
- Ist deine Schraube zu klein, kannst du auch 10 gleiche Schrauben nehmen und den Anstieg durch 10 dividieren.
- Dokumentiere den Wasserpegel mit einem Foto vor und nach dem Eintauchen der Schraube.
- Beschreibe deinen Versuchsaufbau und fertige eine sorgfältig beschriftete Skizze zum Aufbau der Volumenmessung an.

Teil 2: **Überlaufmethode**

- Bestimme die Masse einiger Schrauben durch Wiegen.
- Bestimme das Volumen einer Schraube, indem du das verdrängte Wasser über ein Überlaufgefäß in einem Messzylinder abfängst. Auch hier kannst du mehrere Schrauben nehmen, wenn deine Schraube zu klein ist.
- Beschreibe und skizziere deinen Versuchsaufbau zur Volumenmessung.

Teil 3: **Berechnung der Dichte**

- Berechne aus den Messungen von Teil 1 und Teil 2 die Dichte einer Schraube.
- Diskutiere Gründe für mögliche Abweichungen aus beiden Messungen.
- Recherchiere im Internet nach Dichtetabellen und identifiziere mögliche Materialien, aus denen die Schrauben vermutlich gefertigt sind.

Auswertung:

- Fertige ein Protokoll zum Versuch an.

Weiter gedacht ...

Du wiederholst die Volumenmessung der Schrauben einige Male. Dabei stellst du bei deinen Messungen Abweichungen fest.

- Nimm an, dass der Wert für das tatsächliche Schraubenvolumen bis zu 5 % von deinem Messwert abweicht. Berechne den kleinsten und den größten Wert für das Volumen der Schrauben.
- Finde die Messgenauigkeit deiner Waage heraus. Berechne auch für die Volumina der Schrauben den kleinsten und größten Wert.
- Berechne mit den zuvor ermittelten Werten den kleinsten und den größten Wert der Dichte und gib das Intervall an, in dem die tatsächliche Dichte liegt.

AUS DER GESCHICHTE

Archimedes und die Krone des Königs

▸ 2 Archimedes in der Badewanne

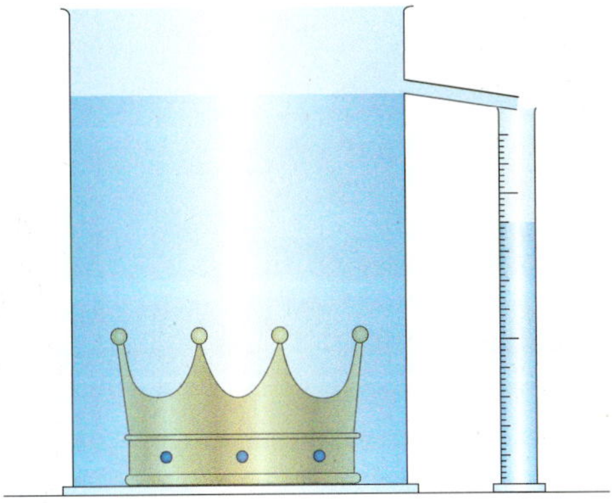

▸ 3 Überlaufmethode

Im 3. Jahrhundert v. Chr. hatte sich König HIERON II von Syrakus eine wunderschöne Krone anfertigen lassen. Dazu überließ er dem Schmied einen Klumpen reines Gold, aus dem er die Krone fertigen sollte. Die fertige Krone hatte die gleiche Masse wie der Goldklumpen. Dennoch beschlichen den König Zweifel, ob die Krone wirklich aus dem reinen Gold bestand, das er dem Schmied überlassen hatte.

Der König beauftragte ARCHIMEDES, die Echtheit des Materials der Krone zu prüfen. Die Lösung des Problems bereitete Archimedes großes Kopfzerbrechen, denn er durfte die Krone des Königs nicht beschädigen.

Beim Baden machte Archimedes eine interessante Beobachtung (▸ 2): Als er in die randvolle Badewanne stieg, floss Wasser aus der Wanne. Da kam ihm die Lösung für seine Aufgabe in den Sinn. Wenn der Goldklumpen und die Krone die gleiche Masse aufweisen, müssen sie auch gleich viel Wasser verdrängen, wenn sie aus dem gleichen Material gemacht sind. Voller Freude über seine Erkenntnis rief er „Heureka, heureka!“, was übersetzt „Ich hab‘s gefunden, ich hab‘s gefunden!“ heißt.

Archimedes füllte sofort ein Gefäß randvoll mit Wasser, in das er einen massegleichen Goldklumpen gab. Dann gab er die Krone in das randvolle Wassergefäß und verglich die verdrängten Wassermengen. Die Krone verdrängte bei gleicher Masse nicht die gleiche Wassermenge wie der Goldklumpen. Der Schmied hatte einen Teil des Goldes durch ein unedleres Material ersetzt.

Der Versuch lässt sich auch rechnerisch nachvollziehen. Beim Eintauchen der Goldkrone laufen 180 ml Wasser in einen Messzylinder über (▸ 3). Ihre Masse m = 3,1 kg wird mit einer Waage bestimmt. Aus der Masse und dem Volumen wird die Dichte der Goldkrone berechnet:

$$\rho = \frac{m}{V} = \frac{3100\,\text{g}}{180\,\text{cm}^3} \approx 17\,\frac{\text{g}}{\text{cm}^3}$$

Die Dichte von Gold beträgt $19{,}32\,\frac{\text{g}}{\text{cm}^3}$. Ein Vergleich zeigt also, dass die Krone unecht ist.

1) Beschreibe die Vorgehensweise, mit der Archimedes das Material der Krone des Königs prüfte.

2) Bei einer echten Goldkrone sind 192 ml in das Überlaufgefäß gelaufen. Berechne die Masse der neuen Krone.

PHYSIK IM ALLTAG

► 1 Elektroauto mit Fahrgastzelle aus CFK

► 2 Kohlefasermatten aus CFK

Trends in der Automobilherstellung

Der Trend im Automobilbau geht zu Aluminium-Karosserien, um das Gesamtgewicht der Fahrzeuge deutlich zu reduzieren und dadurch den Treibstoffverbrauch zu vermindern. Immer mehr Fahrzeugteile werden aus Aluminium gefertigt: Rahmenteile, Bleche und sogar Motorblöcke. Die Daten der Materialien zeigen das Einsparpotenzial. Die Dichte von Eisen beträgt $7{,}86\,\frac{g}{cm^3}$, die Dichte von Aluminium $2{,}70\,\frac{g}{cm^3}$. Bei einem Mittelklassefahrzeug sind so Gewichtseinsparungen bis zu 250 kg möglich.

Doch ganz unumstritten ist dieser Trend nicht. Kritiker bemängeln, dass die Treibstoffeinsparung beim Betrieb der Fahrzeuge durch eine deutlich kostenintensivere Herstellung der Materialien kompensiert wird. So benötigt man zur Herstellung eines Kilogramms Aluminium zehnmal so viel Energie wie zur Herstellung eines Kilogramms Eisen. Diese schlechte Energiebilanz von Aluminium kann nur behoben werden, wenn beim Automobilbau mehr recyclebares Material zum Einsatz kommt.

Bei der Herstellung von Elektroautos gehen die Entwickler sogar noch einen Schritt weiter. Carbonfaserverstärkte Kunststoffe (CFK) ermöglichen eine weitere Gewichtsreduktion von 20 % gegenüber der Aluminiumbauweise (► 1). Bei dieser Technologie werden Gewebematten aus Kohlefasern mit einem Harz getränkt und anschließend ausgehärtet.

Da diese Matten vor dem Aushärten flexibel sind, können nahezu alle Bauformen realisiert werden (► 2). Den Designern stehen viele Gestaltungsmöglichkeiten offen. Ein Auto vollständig aus Carbonfasermaterialien zu fertigen, ist jedoch aus Sicherheitsgründen nicht möglich. Die Kunststoffe brechen bei einem Aufprall des Fahrzeugs und zersplittern und haben keine verformbare Knautschzone. Daher kombiniert man die formstabile Fahrgastzelle aus Carbonfasern mit einem Aluminiumunterbau.

Obwohl Kohlenstoff als Grundstoff für die Carbon-Karosserie reichlich vorhanden und preisgünstig ist, sind die Karosserien vergleichsweise teuer, da für die Herstellung der Matten sehr viel Energie benötigt wird.

1 Im Text wird häufig der Begriff Gewicht verwendet. Nenne die physikalische Größe, die damit gemeint ist.
2 Stelle die Vor- und Nachteile einer Carbon-Karosserie zusammen. Unterscheide zwischen physikalischen und nicht-physikalischen Argumenten.
3 Die Carbon-Karosserie in ► 1 hat eine Masse von ca. 120 kg. Die Dichte von CFK beträgt $1{,}50\,\frac{g}{cm^3}$. Vergleiche die Dichte von Carbon mit der von Eisen. Schätze damit die Masse einer volumengleichen Eisen-Karosserie ab.
4 Hochwertige Rennradrahmen aus Carbon haben eine Masse von teilweise nur 640 g. Berechne die Höhe eines Quaders aus Carbon mit einer Grundfläche von 10 cm × 10 cm, aus dem dieser Rahmen gefertigt wurde.

PHYSIK IM ALLTAG

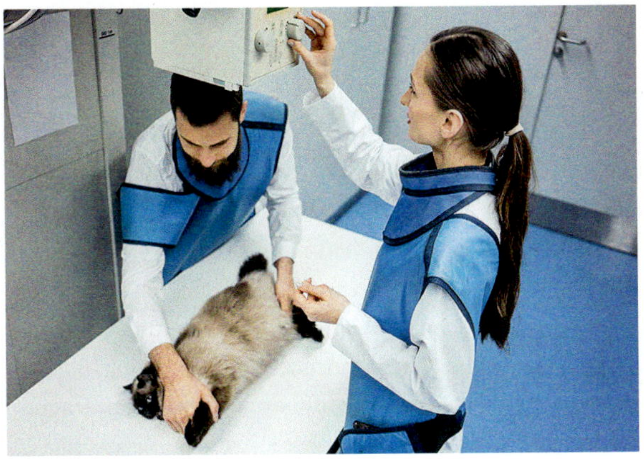

▸ 3 Tierärzte röntgen eine Katze.

Bleischürzen beim Röntgen

Beim Röntgen wird der Körper mit Röntgenstrahlung bestrahlt. Diese Strahlung durchdringt das weiche Gewebe besser als die dichten Knochen, sodass auf einem Schirm hinter dem Körper hellere und dunklere Bereiche entstehen. Dadurch kann man auf dem Röntgenbild z. B. Knochenbrüche erkennen. Die Röntgenstrahlung schädigt aber zugleich das Gewebe, das sie durchdringt. Bestimmte Bereiche des Körpers wie die Lunge müssen unbedingt geschützt werden, da sonst bleibende Schäden verursacht werden können. Nur Metalle mit möglichst hoher Dichte sind in der Lage, die Röntgenstrahlung gut abzuschirmen. Deshalb wird der Körper bei Röntgenaufnahmen mit Bleischürzen geschützt.

Da Blei mit einer Dichte von $11{,}34\,\frac{g}{cm^3}$ in seiner Reinform als Metall starken Abrieb erfährt (vgl. Bleistift) und nicht flexibel ist, wird es für die Fertigung von Bleischürzen mit Gummi zu dicken Folien vermengt und in mehreren Lagen übereinandergelegt. Hätte eine Lage der Folie eine schadhafte Stelle, würde die Röntgenstrahlung durch eine der anderen Lagen abgehalten. Gängige Schürzen haben dieselbe Abschirmwirkung wie eine 0,5 mm dicke Bleischicht.

Die Schürze muss in der Praxis noch weitere Bedingungen erfüllen: Die Oberfläche muss abwaschbar sein und Desinfektionsmitteln standhalten. Die Masse der Schürze soll bei maximaler Abschirmwirkung möglichst gering sein, da das Röntgenpersonal anders als der Patient, die Schutzkleidung über längere Zeiträume trägt.

1 Fasse die Materialeigenschaften von Blei zusammen, die im Text genannt werden.

2 Ermittle mithilfe von Tabelle ▸ 2 auf S. 30 zwei weitere Metalle, deren Dichte noch größer ist als die von Blei. Finde jeweils einen Grund dafür, dass diese Metalle nicht für die Schutzkleidung beim Röntgen verwendet werden.

3 Schätze die Masse einer Bleischürze wie in ▸ 3 ab. Nimm dazu an, dass die Schürze auf der gesamten Vorderseite eine 0,50 mm dicke Bleischicht enthält. Vergleiche den von dir ermittelten Wert mit Daten aus dem Internet.

PHYSIK IM ALLTAG

Dichte und Temperatur

Bei nahezu allen Flüssigkeiten ist die Dichte abhängig von der Temperatur: Ist es kälter, zieht sich die Flüssigkeit zusammen, bei höheren Temperaturen dehnt sie sich aus. Die Masse bleibt dabei konstant, sodass die Dichte steigt. Beim Tanken eines Autos im Sommer sollte man die Änderung der Dichte ebenfalls beachten: Der Kraftstoff wird an einer Tankstelle in unterirdischen Tanks bei etwa 10 °C gelagert. Der Tankinhalt eines Fahrzeugs kann sich im Sommer durchaus auf 30 °C und mehr aufheizen. Bei einem Temperaturanstieg um 20 °C vergrößert sich das Volumen von Benzin um 2 %. Bei einem Tankinhalt von 50 Litern steigt das Volumen also um 1 Liter an. Wird der Tank randvoll befüllt, besteht die Gefahr, dass Kraftstoff überläuft und sich entzündet.

4 Die Dichte von Benzin bei 10 °C beträgt $0{,}780\,\frac{g}{cm^3}$, bei 30 °C beträgt sie $0{,}765\,\frac{g}{cm^3}$. Prüfe, ob die Angaben des Textes für den Anstieg des Bezinvolumens im Rahmen der Messgenauigkeit sinnvoll sind.

EXPERIMENTE UND AUFGABEN

1 **Masse einer Büroklammer**

Material:

Büroklammer, Haushaltswaage

Durchführung:

a) Plane ein Experiment, mit dem du die Masse einer Büroklammer sehr genau ermitteln kannst.

b) Beschreibe dein Vorgehen.

c) Führe eine Messung durch und formuliere dein Ergebnis.

2 Die vier Messzylinder sind mit unterschiedlichen Flüssigkeiten gefüllt.

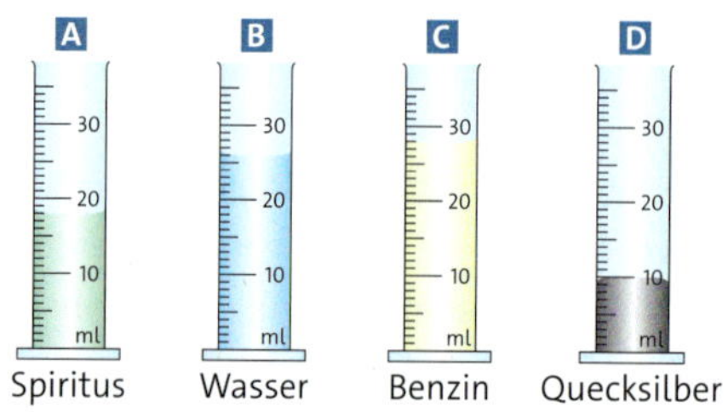

a) Lies jeweils das Volumen der vier Flüssigkeiten ab.

b) Schätze nun jeweils die Masse der vier Flüssigkeiten ab.

c) Berechne mithilfe einer Dichtetabelle (S. 30) die Massen der Flüssigkeiten und vergleiche mit deiner Schätzung.

3 Auf einer Balkenwaage liegt ein Körper aus Aluminium und ein zweiter aus Silber im Gleichgewicht. Ordne jeder Seite der Balkenwaage einen Körper zu und begründe deine Entscheidung in geeigneter Fachsprache.

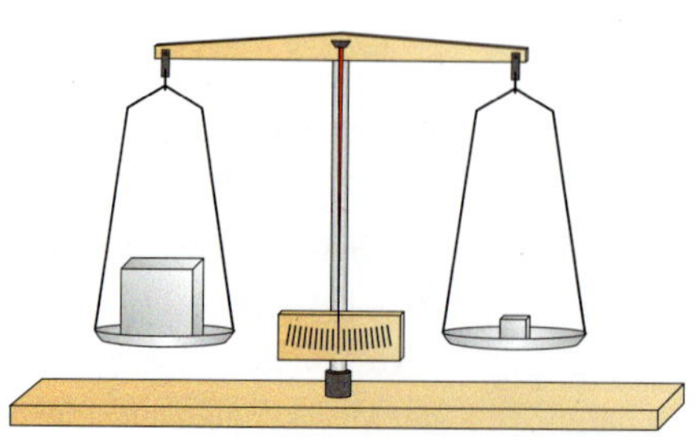

4 Ein Körper aus Holz und ein Körper aus Stahl haben das gleiche Volumen. Vergleiche die beiden Massen miteinander und erkläre dein Ergebnis.

5 Im Märchen bekommt Hans im Glück einen Goldklumpen geschenkt, der so groß ist wie sein Kopf. Der Kopf eines Jugendlichen hat ein Volumen von rund 4000 cm^3. Begründe mithilfe einer Rechnung, ob Hans den Goldklumpen überhaupt tragen kann.

6 Für den Drucker benötigt man Papier, auf dessen Packung ähnliche Angaben zu finden sind wie im Bild unten.

a) Berechne die Masse der Papierpackung aus den aufgedruckten Angaben.

b) Die Packung ist 5,0 cm dick. Bestimme die Dichte von Papier.

7 Ein Ziegelstein ist 25,0 cm lang, 11,0 cm breit und 8,0 cm hoch. Seine Masse beträgt 3,5 kg. Schätze und berechne anschließend die Dichte des Materials, aus dem der Ziegel gefertigt ist.

8 Bestimme die Masse der Luft in deinem Klassenzimmer. Schätze dazu die Größe deines Klassenzimmers ab und recherchiere fehlende Angaben im Internet.

9 Die Dichte unserer einheimischen Hölzer schwankt zwischen Werten von $0{,}5\,\frac{g}{cm^3}$ und $0{,}9\,\frac{g}{cm^3}$.

a) Erkläre die Ursache für die unterschiedlichen Werte.

b) Bestimme das Intervall, in dem die Masse von 260 Brettern mit je einer Länge von 2,0 m, einer Breite von 10 cm und einer Höhe von 18 mm liegt, wenn die Dichte des Holzes zwischen den oben angegebenen Werten schwankt.

10 Anton gibt zwei äußerlich identische Limonadendosen in ein Wassergefäß. Zu seiner Überraschung schwimmt die eine Dose und die andere sinkt zu Boden. Finde die Ursache für dieses Phänomen und erkläre es physikalisch.

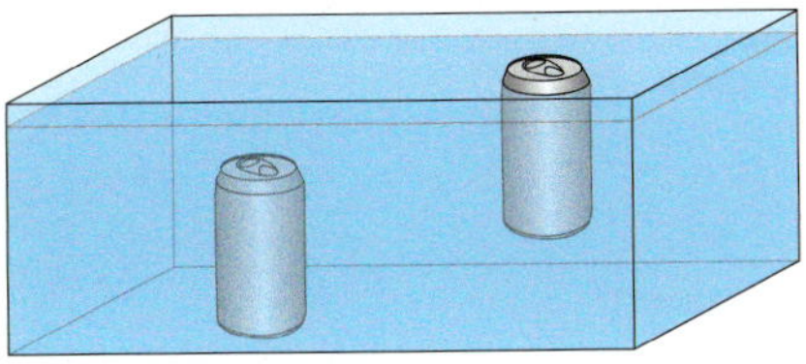

11 Berghütten müssen im Winter eine gewaltige Last an Schnee tragen. Wie hoch diese Last ist, hängt unter anderem von der Beschaffenheit des Schnees ab. Neuschnee hat eine Dichte von ca $60\,\frac{kg}{m^3}$.

a) Berechne die Masse einer 80 cm hohen Neuschneeschicht auf einem 40 m^2 großen Hüttendach.

b) Berechne das Volumen des entstehenden Wassers, wenn der Neuschnee, der auf dem Dach ist, komplett schmilzt.

12 Bei einem *Latte Macchiato* wird Milch mit Milchschaum in ein Glas gegeben. Danach gießt man vorsichtig heißen Espresso in das Glas, sodass der Espresso zwischen Milch und Milchschaum schwebt.

a) Erkläre die Ursache für die Entstehung der drei Schichten.

b) Beim *Café Cortado* bilden sich sogar vier Schichten. Recherchiere im Internet nach den Flüssigkeiten dieses Getränks und ihrer Anordnung.

13 Schwebendes Ei

Material:

Glas, Wasser, Ei, Salz

Durchführung:

Jonathan gibt ein Ei in ein Glas mit Wasser und beobachtet, dass es nach unten sinkt. Nun löst er schrittweise immer mehr Salz im Wasser auf, bis es an der Oberfläche schwimmt.

a) Erkläre die Voraussetzung, unter der das Ei im Wasser schwebt.

b) Gib ein Ei in ein Glas Wasser. Ermittle experimentell die Masse der erforderlichen Salzmenge, die im Wasser gelöst sein muss, damit das Ei schwebt.

Die physikalischen Spielregeln der Natur

- Jeder Magnet hat einen **Nordpol** und einen **Südpol.**
- Ein Magnet wirkt auf **ferromagnetische Stoffe** und andere **Magnete.**
- Gleichnamige Pole stoßen sich ab, ungleichnamige Pole ziehen sich an.

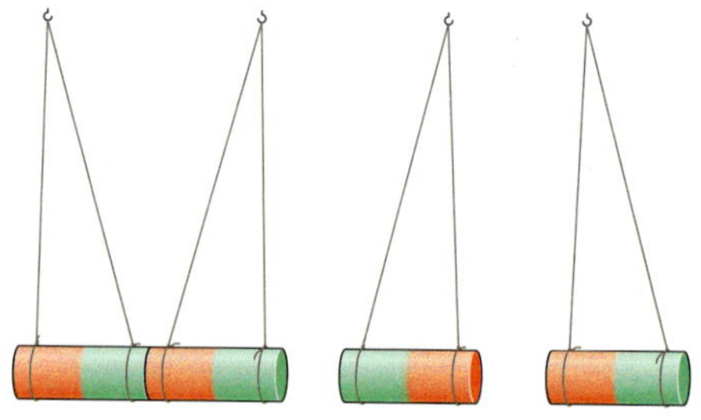

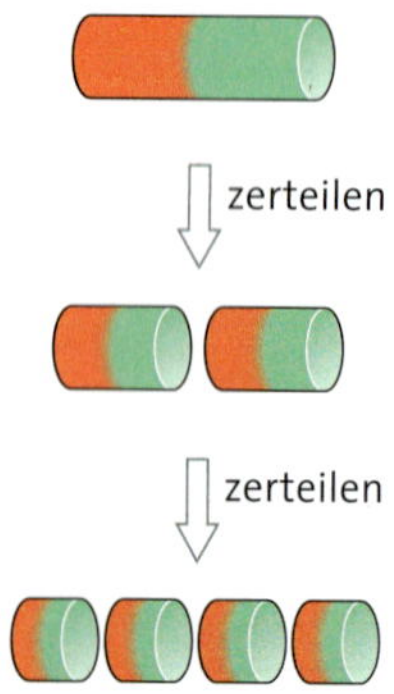

- Beim Zerteilen eines Magneten entstehen neue Magnete mit Nord- und Südpol.
- Kleinste, nicht mehr teilbare Magnete heißen **Elementarmagnete.**
- Ferromagnetische Stoffe bestehen aus Elementarmagneten. Solche Stoffe können magnetisiert werden.

Ferromagnetische Stoffe werden ...

- **magnetisiert:** Die Elementarmagnete sind regelmäßig angeordnet.
- **entmagnetisiert:** Die Elementarmagnete sind ungeordnet.

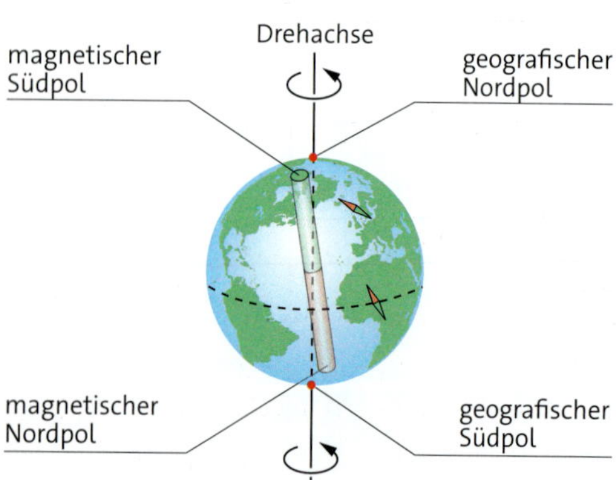

- Auch die **Erde** ist ein großer Magnet.
- Der **magnetische Südpol** liegt in der Arktis, der **magnetische Nordpol** liegt in der Antarktis.
- Mit einem **Kompass** kann man sich auf der Erde orientieren und eine Karte einnorden.
- Auch einige Tiere orientieren sich mithilfe ihres Magnetsinns.

- Jeder Körper hat eine **Masse *m*.** Sie gibt an, wie schwer ein Körper ist.
- Jeder Körper nimmt einen bestimmten Raum ein, das **Volumen *V*.**
- Der Quotient aus Masse und Volumen ist die **Dichte *ρ*.**
  Die Dichte ist eine materialspezifische Größe.

$$\rho = \frac{m}{V} \qquad \text{Einheit: } 1\,\frac{g}{cm^3}$$

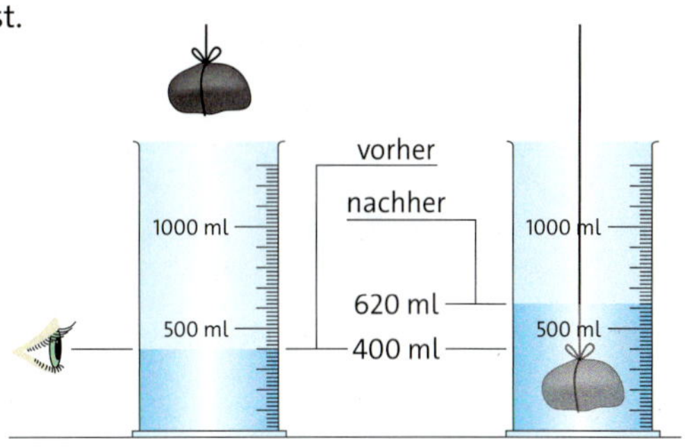

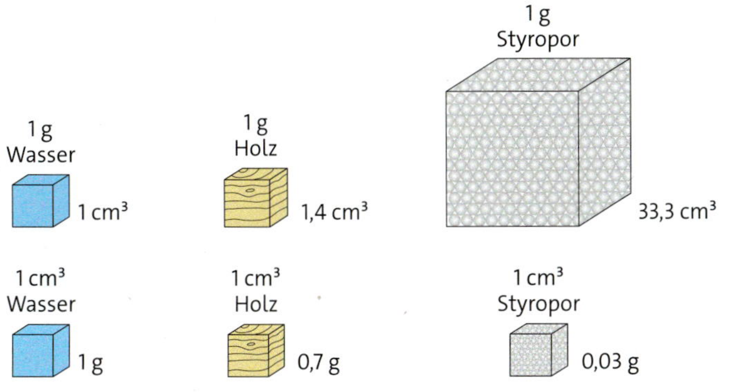

- Verschiedene Stoffe der gleichen Masse nehmen **unterschiedlich viel Raum** ein.
- Verschiedene Stoffe gleichen Volumens haben **unterschiedliche Massen.**
- Die Stoffe unterscheiden sich in ihrer Dichte.

Kann ich ...

- die besonderen Eigenschaften eines Magneten und die Magnetisierbarkeit von manchen Materialien mithilfe einer geeigneten Modellvorstellung erklären? (S. 16 ff., 20 f.)
- ein Experiment durchführen, mit dem man zwei gleich aussehende Stäbe unterscheiden kann, von denen einer ein Magnet und der andere ein Eisenstab ist, und meine Beobachtungen in schriftlicher und zeichnerischer Form dokumentieren? (S. 19)
- erklären, wie Magnetismus eine Orientierung auf der Erde erlaubt? (S. 22 f.)
- einen Versuch planen und durchführen, mit dem ich das Volumen eines Steins ermitteln kann, und so auf das Material schließen, aus dem er besteht? (S. 28 ff., 34)
- erklären, warum 1 kg Blei nicht schwerer ist als 1 kg Styropor und damit den physikalischen Begriff der Dichte erläutern? (S. 30)
- aus vorgegebener Masse und Dichte eines Stoffes durch Rechnung auf sein Volumen schließen und dabei auch die Einheiten entsprechend berücksichtigen? (S. 31)
- erklären, inwiefern die Dichte des Materials, aus dem z. B. ein Fahrradrahmen besteht, ein Bewertungskriterium für die Qualität des Fahrrads ist und weitere mögliche Bewertungskriterien nennen? (S. 36 f.)

Optische Phänomene

In diesem Lernbereich

- unterscheidest du zwischen Lichtquellen und beleuchteten Körpern und beschäftigst dich mit der Ausbreitung von Licht und dem Sehvorgang. Du lernst außerdem, wie du unter Beachtung dieser Aspekte sicher am Straßenverkehr teilnehmen kannst.
- erforschst du die Entstehung und Wahrnehmung von Farben und beleuchtest Gegenstände mit farbigen Lichtquellen.
- nutzt du die geradlinige Lichtausbreitung, um damit die Schattenbilder verschiedener Körper vorauszusagen. Du wendest dein Wissen auf die Sonne, Mond und Erde an und erfährst mehr über Mondphasen und Finsternisse.

SCH

1

▸ 4 Fa

Ziel:

In

K

Vorb

Durc

Teil 1:

Elektrische Stromkreise

In diesem Lernbereich

- erklärst du einfache elektrostatische Phänomene mithilfe von elektrischen Ladungen und ihren Eigenschaften. Du lernst außerdem das Kern-Hülle-Modell des Atoms kennen.
- veranschaulichst du den elektrischen Strom als bewegte Ladungen und lernst verschiedene Wirkungen des elektrischen Stroms kennen, die wir uns in vielen elektrischen Geräten zunutze machen.
- beschäftigst du dich mit elektrischen Schaltungen und lernst, eigene elektrische Schaltungen zu einfachen technischen Problemstellungen zu entwickeln.

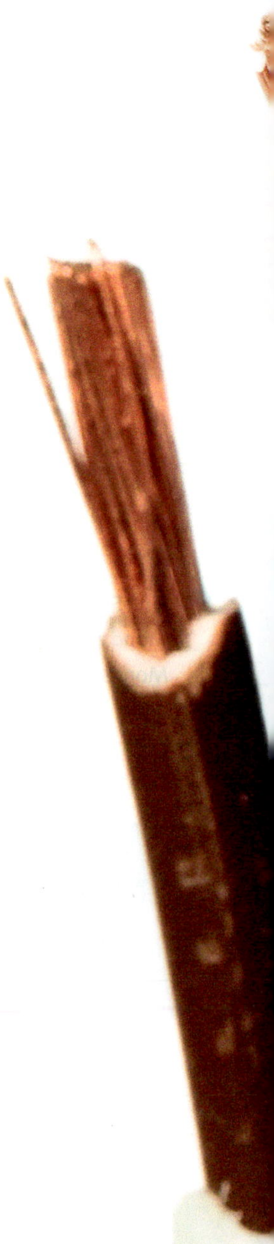

Ordnet n
an, dass
farbe un
Farbe jev
übersteh
man den

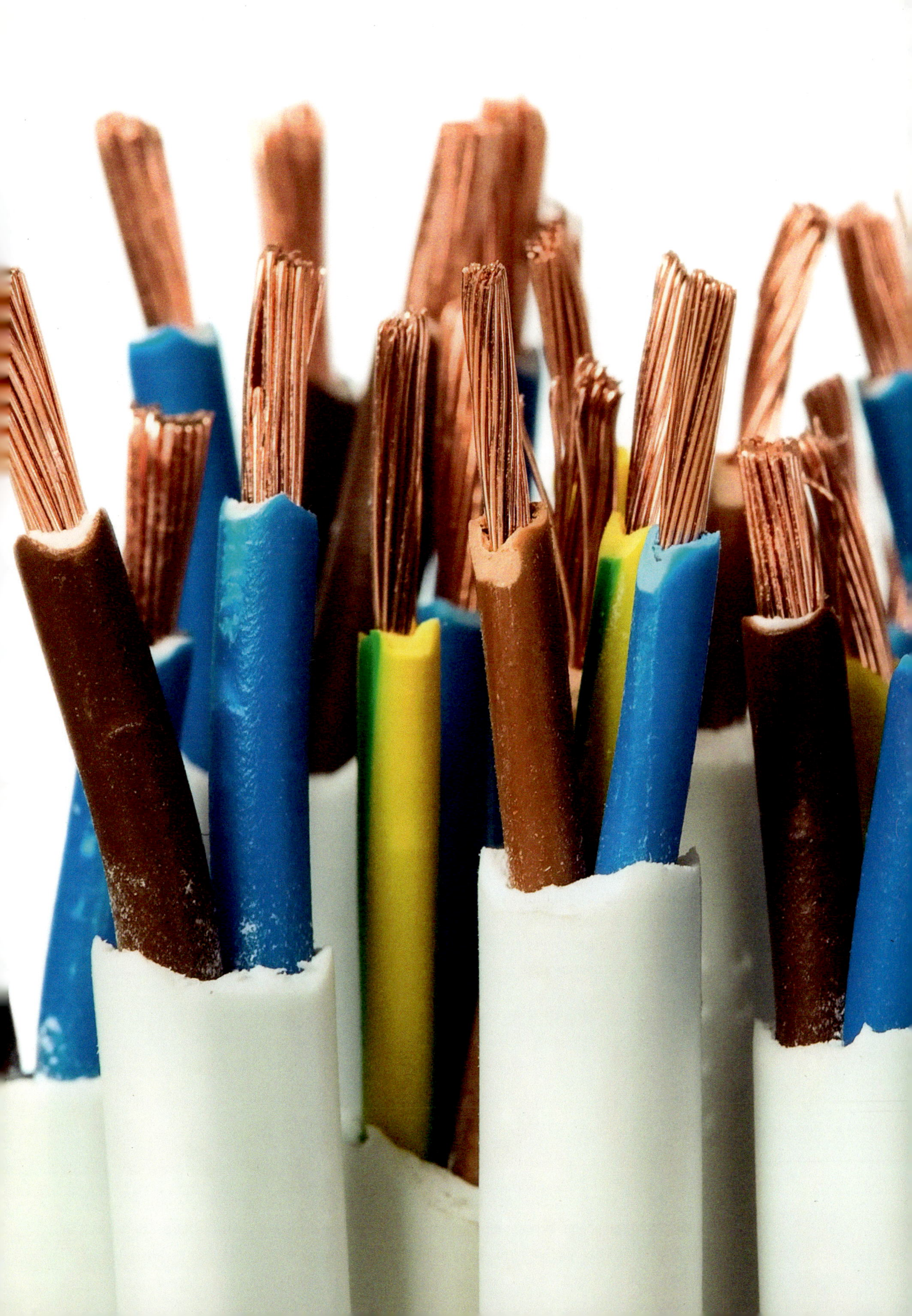

▸ 1 Styropor überall

1 Elektrische Ladung und Strom

Elektrische Ladung

Jeder hat dieses Phänomen schon selbst erlebt: Nach trockenem Kämmen gewaschener Haare stehen die Haare zu Berge, sie stoßen sich untereinander ab. Schneidet man Styropor mit einer kleinen Säge, haften Styroporflocken an allem, was ihnen zu nahe kommt (▸ 1). Sie werden von anderen Gegenständen angezogen.

Zwei Luftballons werden an einem Wollpullover gerieben und eng nebeneinander an dünnen Fäden aufgehängt. Die Ballons stoßen sich gegenseitig ab (▸ 2). Bringt man einen der Ballons in die Nähe des Wollpullovers, ziehen sich Ballon und Pullover gegenseitig an (▸ 3).

Körper laden sich elektrisch auf, wenn man sie aneinander reibt. Dabei gehen elektrische Ladungen von einem Körper auf den anderen über.

Es gibt zwei unterschiedliche Zustände: Man sagt, der eine Körper ist positiv, der andere negativ geladen. In diesem Fall wird beim Reiben von Ballon und Wollpullover der Ballon negativ und der Wollpullover positiv geladen.

> Körper lassen sich elektrisch positiv oder negativ aufladen. Ungleichnamig geladene Körper ziehen sich an, gleichnamig geladene Körper stoßen sich ab.

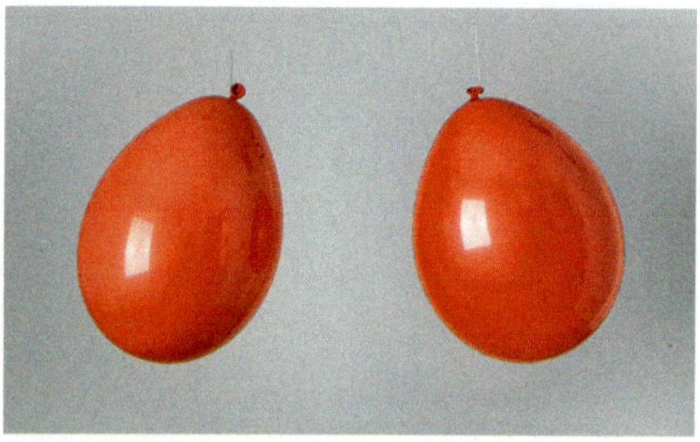
▸ 2 Gleichnamig geladene Körper stoßen sich ab.

▸ 3 Ungleichnamig geladene Körper ziehen sich an.

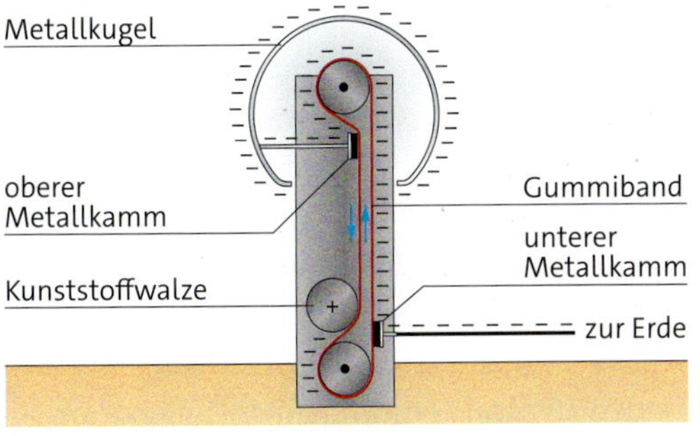

▸ 4 Schematischer Aufbau eines Bandgenerators

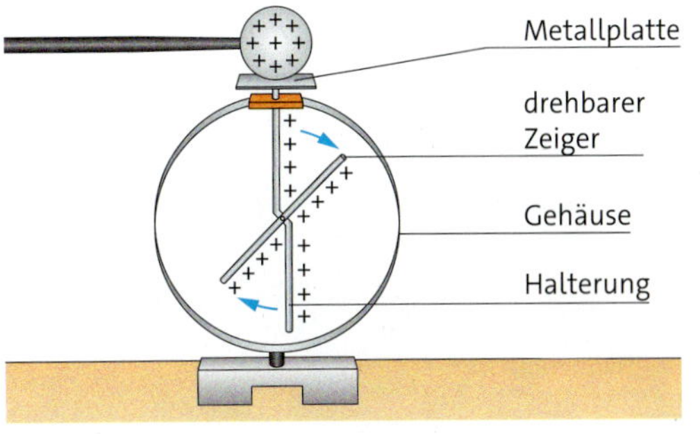

▸ 5 Ladungsmessung mit einem Elektroskop

Elektrostatische Phänomene

Eine besonders starke Aufladung erhält man mithilfe eines **Bandgenerators** (▸ 4). Er besteht aus einer großen Metallkugel, einem Gummiband und einer Kunststoffwalze. Das Gummiband läuft straff über eine Kunststoffwalze. Das Gummiband und die Kunststoffwalze reiben aneinander, sodass sich das Band zu Beginn negativ (–) und die Walze positiv (+) auflädt. Die negative Ladung gelangt dann auf dem Gummiband nach oben und wird dort über einen Metallkamm auf die große Metallkugel abgestreift. Ein weiterer Metallkamm unten am Bandgenerator ist über ein Kabel mit der Erde verbunden, wo negative Ladung in großem Umfang vorhanden ist. Von dort zieht die positiv geladene Walze ständig zusätzliche negative Ladung von der Erde auf das Gummiband. So wird ständig negative Ladung auf die Metallkugel transportiert. Diese lädt sich stark auf.

Befestigt man ein Papierstreifenbüschel an der Metallkugel, stellt man fest, dass mit dem Aufladen der Kugel auch die Papierstreifen elektrisch aufgeladen werden. Da sich gleichnamig geladene Körper abstoßen, werden die Papierstreifen von der Kugel abgestoßen. Die Papierstreifen stoßen sich aber auch untereinander ab und bilden eine Art Büschel (▸ 6). Nichts anderes geschieht, wenn sich unsere Haare nach dem Kämmen oder nach einer stärkeren Aufladung besonders widerspenstig verhalten und in alle Richtungen abstehen.

Ladung messen

Die Frage nach der Stärke einer Aufladung lässt sich mit einem **Elektroskop** klären (▸ 5). Dabei wird die Abstoßung zwischen gleichnamigen Ladungen genutzt. Wenn Ladung (hier über eine geladene Kugel) auf die obere Metallplatte aufgebracht wird, verteilt sie sich auch auf den drehbaren Zeiger und die Halterung. Je mehr Ladung aufgebracht wird, desto stärker stoßen sich Zeiger und Halterung voneinander ab. Der Zeigerausschlag ist daher ein Maß für die Stärke der Ladung. Verbindet man ein negativ aufgeladenes Elektroskop über ein Metallkabel oder die Hand mit der Erde, entlädt sich das Elektroskop. Die Ladungen auf dem Elektroskop stoßen sich untereinander ab und können nun auf die Erde abfließen.

AUFGABEN

1. Am Elektroskop verteilt sich negative Ladung von der oberen Platte auch auf den Zeiger und die Halterung. Erkläre diesen Sachverhalt.
2. Erkläre die Tatsache, dass man mit einem Elektroskop nicht die Ladungsart unterscheiden kann.
3. Nach einiger Zeit fällt der Zeiger eines geladenen Elektroskops langsam von allein wieder in den Ausgangszustand zurück. Stelle eine Vermutung für dieses Verhalten auf.

Vorsicht: Nähert man sich der Kugel des Bandgenerators, kann Ladung auch auf den Menschen überspringen. Dies kann unter Umständen gefährlich werden.

▸ 6 Papierstreifen am Bandgenerator

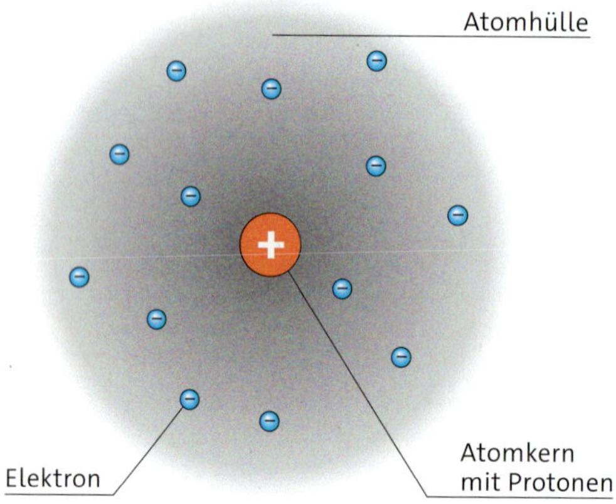

▸1 Kern-Hülle-Modell eines neutralen Atoms

Atome

Was geht bei der Ladungstrennung durch Reibung von einem auf den anderen Körper über? Alle Stoffe bestehen aus sehr kleinen Teilchen, den Atomen. Es gibt Aluminiumatome, Eisenatome und viele weitere. Diese Atome besitzen aber noch eine Unterstruktur (▸1). Ein Atom besteht aus einer Atomhülle, in der sich elektrisch negativ geladene Teilchen befinden. Man nennt sie **Elektronen.** Sie haben in der Atomhülle keinen festen Platz und können sich dort weitgehend frei bewegen. Im Inneren der Atomhülle enthält der kleine Atomkern u. a. elektrisch positiv geladene Teilchen, die **Protonen** heißen.

> Alle Körper bestehen aus Atomen. Atome besitzen einen positiv geladenen Atomkern und eine Atomhülle. In der Atomhülle befinden sich negativ geladene Elektronen.

Die negative Ladung eines Elektrons ist genauso groß wie die positive Ladung eines Protons. Ein Atom, dass die gleiche Menge positiver Ladung im Kern wie negativer Ladung in der Atomhülle hat, ist elektrisch neutral, d. h. insgesamt ungeladen. Da jeder Körper aus Atomen aufgebaut ist, besitzt auch jeder Körper schon im neutralen Zustand positive und negative Ladungen. Diese gleichen sich gegenseitig aus, sodass der Körper in Summe nach außen elektrisch neutral wirkt.

Durch Reiben zweier Körper aneinander können sich Elektronen aus den äußeren Bereichen der Atomhülle von Atomen lösen und so von einem Körper auf den anderen übergehen. Der eine Körper hat damit in Summe mehr Elektronen als Protonen, bei dem anderen ist es umgekehrt. Man spricht von einem Elektronenüberschuss bzw. einem Elektronenmangel. Diese beiden Zustände bestimmen die Ladungsart.

> Körper mit Elektronenüberschuss sind negativ geladen. Positiv geladene Körper haben einen Elektronenmangel.

In einem metallischen Körper ist ein Teil der Elektronen frei beweglich. Zurück bleiben Atomrümpfe, bestehend aus dem Atomkern und den verbliebenen Elektronen. Diese Atomrümpfe sind im Körper an feste Plätze gebunden und können sich nicht fortbewegen. Die frei beweglichen Elektronen hingegen bewegen sich zwischen den Atomrümpfen hin und her und können von anderen Ladungen leicht verschoben werden. Das Stück Metall als Ganzes ist dabei aber immer noch elektrisch neutral.

Metalle lassen sich gut durch Kontakt mit bereits geladenen Körpern aufladen, da die frei beweglichen Elektronen schnell ab- oder zufließen. Gleichzeitig ist es nicht möglich, zwei Metalle durch Reibung aneinander aufzuladen. Die getrennten freien Elektronen würden sofort wieder zurückfließen und sich ausgleichen.

AUFGABEN

1. Bestimme die Anzahl der Protonen, aus denen der Atomkern in ▸1 besteht.
2. Berührt man eine negativ geladene Kugel, fließen überzählige Elektronen über die Hand in die Erde ab. Stelle eine Vermutung auf, was geschehen wird, wenn die Metallkugel zuvor positiv geladen war.

METHODE

Arbeiten mit Modellen

Modelle werden in vielen Bereichen genutzt. Ein Beispiel ist in ▸ 2 dargestellt. Auch in der Physik werden Modelle verwendet.
Grundsätzlich gilt: Ein Modell ist eine Vereinfachung der Wirklichkeit. In wichtigen Eigenschaften stimmt das Modell mit der Wirklichkeit (dem Original) überein, in anderen nicht.
In der Physik können mit Modellen Sachverhalte veranschaulicht, erklärt oder vorausgesagt werden. Wir betrachten als Beispiel das Kern-Hülle-Modell des Atoms.

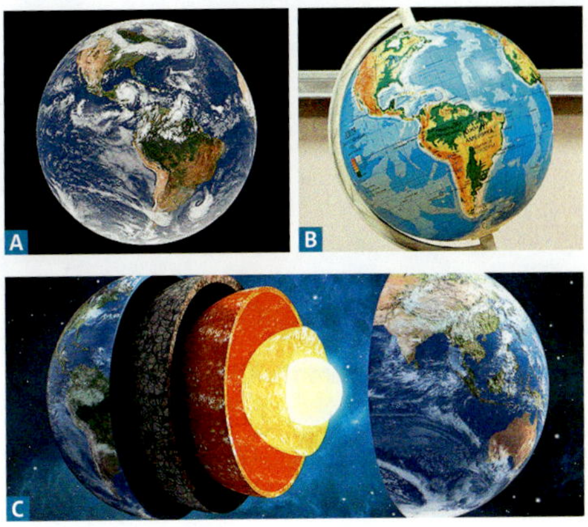

▸ 2 Original **A** und Modelle **B** und **C**

Allgemeine Schritte	Beispiel
1. Wozu soll ein Modell genutzt werden?	
Was willst du mithilfe des Modells veranschaulichen, erklären oder voraussagen?	Reibt man einen Plastikstab kräftig mit einem Tuch, dann sind anschließend der Stab negativ und das Tuch positiv geladen. Wie ist das zu erklären?
2. Auswahl eines geeigneten Modells	
Für manche Originale gibt es unterschiedliche Modelle. Dann muss eine Auswahl getroffen werden.	Die Reibungselektrizität hängt mit dem Aufbau der Stoffe aus Atomen zusammen. Ein geeignetes Modell ist das Kern-Hülle-Modell des Atoms.
3. Anwenden des Modells auf den Sachverhalt	
Das gewählte Modell wird genutzt um einen Sachverhalt zu veranschaulichen, zu erklären oder vorauszusagen.	Alle Stoffe bestehen aus Atomen. Deren Aufbau können wir mit dem Kern-Hülle-Modell veranschaulichen. Reibt man den Plastikstab mit einem Tuch, dann gehen in diesem Fall Elektronen aus den Atomen des Tuchs auf den Plastikstab über. Er hat dann einen Elektronenüberschuss, ist somit negativ geladen. Beim Tuch herrscht Elektronenmangel. Es ist somit positiv geladen.

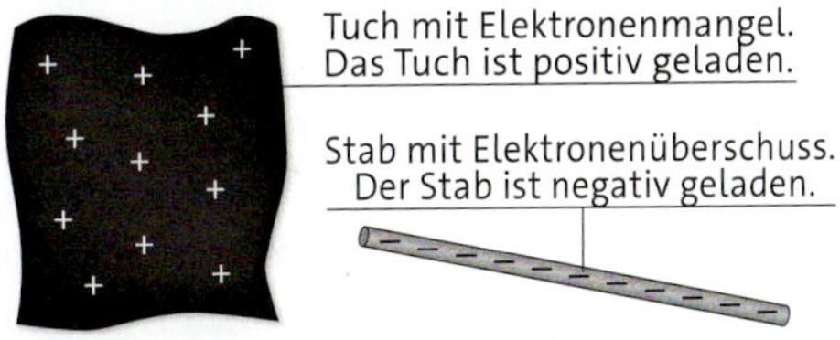

Bisher kennst du zwar erst ein Atommodell, du wirst aber später noch weitere Modelle kennenlernen.

Die Anzahl der Ladungen bleibt insgesamt gleich. Die Elektronen sind nur anders verteilt als im ungeladenen Zustand von Stab und Tuch.

▸ 1 Wasserstrom, Autostrom und elektrischer Strom

Elektrischer Strom

Das Wort Strom wird in unserer Alltagssprache häufig in verschiedenen Situationen gebraucht: Man spricht von einem Wasserstrom, einem Autostrom auf einer stark befahrenen Straße oder eben von elektrischem Strom (▸ 1). Im Gegensatz zum Auto- und Wasserstrom kann man den elektrischen Strom aber nicht direkt sehen, denn die strömenden Teilchen sind zu klein.

Berührt man mit einer positiv geladenen Metallkugel eine gleich stark negativ geladene Metallkugel, bewegen sich Elektronen von der negativ geladenen Kugel zur positiv geladenen Kugel. Beide Kugeln sind anschließend elektrisch neutral. Die Elektronen bewegen sich vom Elektronenüberschuss zum Elektronenmangel. Wenn sich Ladungen bewegen (wie schon auf S. 69), bezeichnet man dies als elektrischen Strom.

> Ein elektrischer Strom ist die gerichtete Bewegung von Ladungen.

Die am Beispiel Kupfer dargestellten Leitungsvorgänge gelten auch für andere Metalle.

Unter der Kunststoffisolierung eines Kabels befinden sich viele dünne Kupferadern (S. 67). Kupfer ist ein metallischer Stoff, der aus positiv geladenen ortsfesten Atomrümpfen und negativ geladenen frei beweglichen Elektronen besteht (▸ 2 A). Verbindet man nun die beiden elektrisch geladenen Metallkugeln mit einem Kabel, werden die frei beweglichen Elektronen

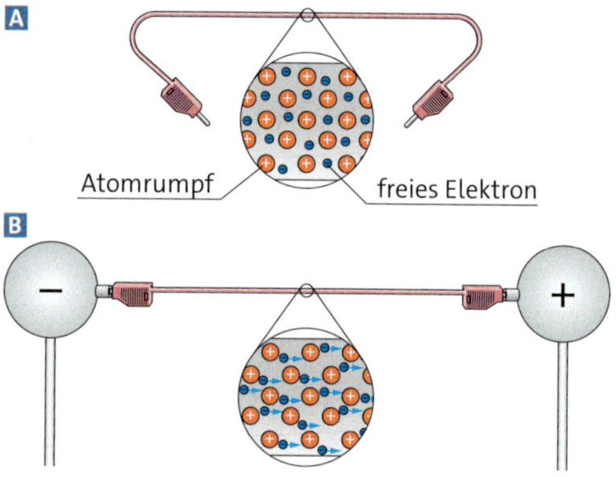

▸ 2 Atomrümpfe mit freien Elektronen im Draht

im Kupfer von der elektrisch negativ geladenen Kugel abgestoßen und von der elektrisch positiv geladenen Kugel angezogen.

Die Elektronen strömen daher gerichtet von der negativ geladenen Metallkugel durch das angeschlossene Kabel zur positiv geladenen Metallkugel. Bei dieser Bewegung transportieren die Elektronen ihre Ladung (▸ 2 B). Der elektrische Strom fließt solange, bis der Elektronenüberschuss und der Elektronenmangel auf den beiden Metallkugeln ausgeglichen sind.

Gute elektrische **Leiter** sind alle Metalle und Graphit. Nichtleitende Stoffe, z. B. Kunststoffe, Keramik und Gummi, bezeichnet man als **Isolatoren.** Bei diesen Stoffen können Elektronen die Atomhülle nur schwer verlassen. Auch Leitungswasser (und damit auch feuchte Erde oder der Mensch) ist ein elektrischer Leiter.

AUS DER NATUR

Gewitter

▸ 3 Blitze zucken über den Himmel.

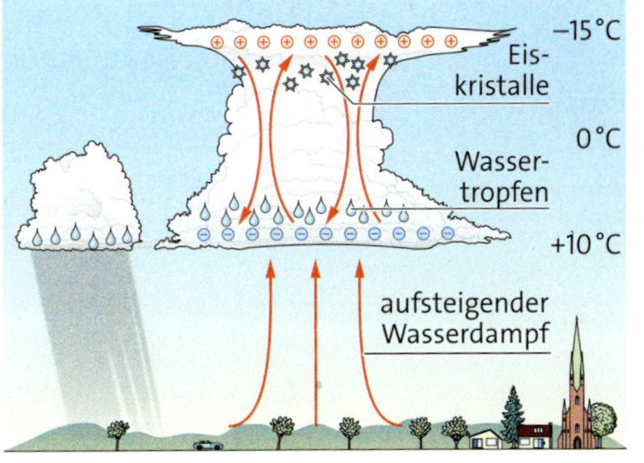

▸ 4 Ladungstrennung in einer Gewitterwolke

Ein Gewitter mit seinen Erscheinungen Blitz und Donner ist nichts anderes als eine große schlagartige Entladung zwischen zwei Wolken oder einer Wolke und dem Erdboden (▸ 3).

Durch Sonneneinstrahlung erwärmen sich bodennahe Luftschichten und steigen auf. Der in der Luft enthaltene Wasserdampf kondensiert in der Höhe zu kleinen Tröpfchen und es bildet sich eine Wolke. Setzen sich die starken Aufwinde auch innerhalb der Wolke fort, bilden sich aus den weiter steigenden Tröpfchen kleine Eiskristalle oder Hagelkörner, die zunehmend an Größe gewinnen, da sich weiterer Wasserdampf an ihnen anlagert. Werden die Kristalle zu groß und damit zu schwer, sinken sie in der Wolke wieder ab. Aufsteigende und absinkende Eiskristalle reiben ständig aneinander, es kommt zur Ladungstrennung. Damit entstehen in Gewitterwolken Bereiche, die unterschiedlich geladen sind. Der obere Teil einer Wolke lädt sich in der Regel positiv, der untere negativ auf (▸ 4).

Wenn genügend viele Ladungen getrennt werden, kommt es zu einer elektrischen Entladung, entweder zwischen den geladenen Bereichen innerhalb der Wolke oder zwischen Wolke und Erdoberfläche.

Im Blitz zwischen Wolke und Erde wird ruckweise ein mit vielen negativen Ladungen gefüllter Blitzkanal von der Wolke zur Erde getrieben. In dieser „Leitung" fließt nun in kurzer Zeit ein starker Strom zur Erde.

Durch den starken Antrieb, d. h. die starke Abstoßung der Elektronen, wird im Blitzkanal die Luft zum Leuchten angeregt (Blitz). Die Entladung kann die Luft um den Blitzkanal herum aber auch bis auf 30 000 °C erhitzen. Diese plötzliche extrem hohe Erwärmung bewirkt eine explosionsartige Ausdehnung der Luft. Die Folge ist eine Druckwelle in der Luft, die wir als Schall (Donner) registrieren.

Die negative Ladung der Wolkenunterseite verschiebt auf dem Boden negative Ladungen in die Erde weg. So werden insbesondere erhöhte, spitze Objekte, z. B. Bäume oder Menschen auf freiem Gelände, positiv geladen.

1) Erläutere mit diesen Informationen, dass ein Blitz oft in freistehenden Bäumen einschlägt.

2) Max badet in einem See und es zieht ein Gewitter auf. Formuliere begründet drei Verhaltensregeln.

Wirkungen des elektrischen Stroms

In unseren Häusern und Wohnungen fließt überall elektrischer Strom. Man kann aber nicht direkt erfassen, ob der Strom gerade fließt oder nicht. Der Mensch hat kein Sinnesorgan für elektrischen Strom, sondern kann ihn nur an seinen Wirkungen erkennen.

> Elektrischen Strom kann man nur an seinen Wirkungen erkennen.

Wenn ein elektrischer Strom z.B. durch einen dünnen Draht fließt, ruft er verschiedenen Wirkungen hervor: Elektrischer Strom erzeugt Wärme. Die **Wärmewirkung** wird z.B. bei einem Elektroherd, beim Toaster oder beim Haartrockner genutzt. Elektrischer Strom hat auch eine **magnetische Wirkung,** die vor allem bei Lasthebemagneten und bei Elektromotoren genutzt wird. Solche Elektromotoren findet man z.B. in Waschmaschinen oder in der Mikrowelle. Glühlampen, Leuchtstofflampen oder LEDs (Lichtemitterdioden) sind Beispiele für die Nutzung der **Leuchtwirkung.** Die Leuchtwirkung wird auch bei Bildschirmen oder Displays von Smartphones genutzt.

> Elektrischer Strom hat eine Wärmewirkung, eine magnetische Wirkung und eine Leuchtwirkung.

Strom erzeugt Wärme

Wenn ein elektrischer Strom durch einen dünnen Metalldraht fließt, erwärmt er sich, beginnt zu glühen (▸ 1) und brennt schließlich durch. Erhöht man bei solchen Schaltungen allmählich die Stärke des Stroms, erkennt man:

> Je größer die Stärke des Stroms ist, desto wärmer wird der Draht und fängt schließlich an zu glühen.

Starke Ströme entstehen, wenn viele Geräte im Haushalt gleichzeitig in Betrieb genommen werden. Die Wärmewirkung des Stromes kann dann so groß werden, dass eine Sicherung „durchbrennt" und den Stromfluss unterbricht. Die einfachsten Sicherungen sind Schmelzsicherungen. In ihrem Inneren befindet sich ein dünner Draht. Dieser schmilzt, wenn der Strom zu stark ist. Der Stromfluss ist unterbrochen und es besteht keine Gefahr, dass das Kabel an einer Stelle des Stromkreises zu brennen beginnt.

Elektrische Geräte wie Wasserkocher haben Heizwendeln. Das sind aufgewickelte Drähte, die sich aufheizen und ihre Wärme an die Umgebung abgeben. So wird das Wasser im Wasserkocher erwärmt. Auch in einer Herdplatte, bei einem Haartrockner oder einer Waschmaschine geben Heizwendeln die Wärme an die Umgebung ab.

Elektrischer Strom kann unterschiedliche Wirkungen haben:		
Der elektrische Strom erwärmt die Heizplatte eines Bügeleisens.	Der elektrische Strom macht aus einer Spule einen Elektromagneten.	Der elektrische Strom bewirkt das Leuchten einer Glühlampe.

Der Strom hat eine **Wärmewirkung.**	Der Strom hat eine **magnetische Wirkung.**	Der Strom hat eine **Leuchtwirkung.**

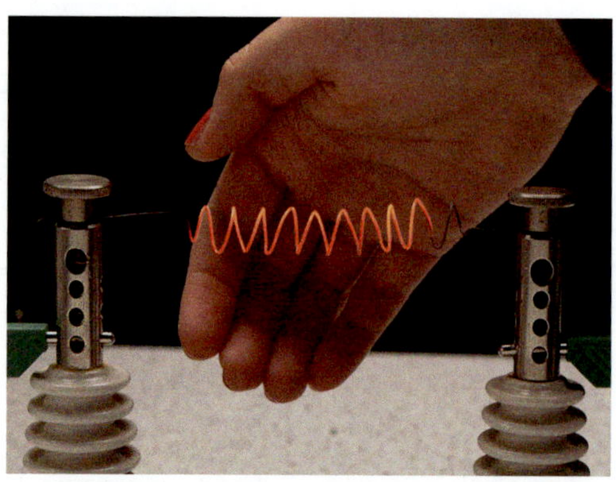

▸ 1 Stromdurchflossener glühender Draht

▸ 2 Leuchtdioden unterschiedlicher Farbe

Strom erzeugt Licht

Glühlampen werden heute kaum noch zur Erzeugung von Licht genutzt, da der Glühdraht im Inneren der Glühlampe bei der Lichterzeugung sehr heiß wird. Der Strom bewirkt dort in erster Linie ungewollte Wärme. Daher werden Glühlampen in vielen Bereichen durch **LEDs** ersetzt (▸ 2). Die Abkürzung LED steht für die englische Bezeichnung *light emitting diode* (Leuchtdiode). Genutzt werden LEDs z. B. bei Fahrrad- und Autobeleuchtung, bei der Beleuchtung in Wohnräumen und bei Ampelanlagen.

Eine Leuchtdiode ist nicht mit einem Glühdraht ausgestattet, sondern verfügt über einen speziellen Leuchtkörper, der Licht aussendet, sobald Strom durch ihn fließt. Die Leuchtdiode wird dabei kaum warm, d. h. die Wärmewirkung ist bei dieser Art der Beleuchtung sehr gering. Die Haltbarkeit einer LED liegt deutlich über der von Glühlampen.

Die Leuchtkörper der Leuchtdioden können nur einfarbiges Licht aussenden. Sie erzeugen rotes, gelbes, grünes oder blaues Licht. Weißes Licht ergibt sich aus der Verwendung aller Farben in einem Leuchtkörper. Durch Farbaddition ergibt sich dann der Farbeindruck weiß.

Vorsicht: Bei sehr hellen LEDs ist das Licht so intensiv, dass es die Augen schädigen kann. Blicke daher niemals direkt in eine helle LED!

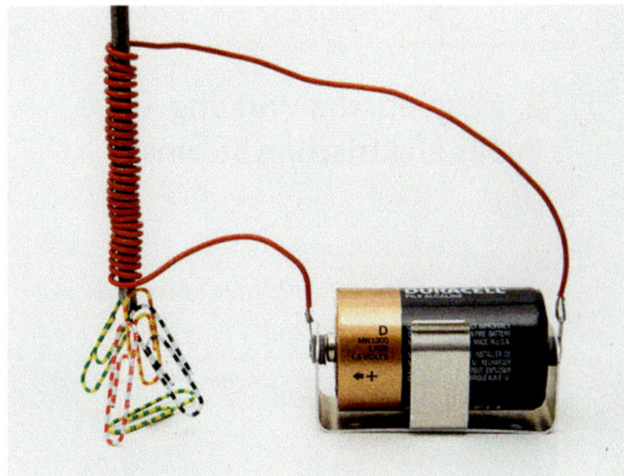

▸ 3 Einfacher Elektromagnet

Strom wirkt magnetisch

Wickelt man eine Wendel aus isoliertem Draht um einen Eisenstab, kann man beobachten, dass die Wendel Büroklammern anzieht, sobald durch den Draht ein Strom fließt. (▸ 3). So eine Drahtwicklung bezeichnet man als **Spule.** Schließt man die Spule an eine Batterie an, wird der Eisenstab magnetisch und zieht andere ferromagnetische Gegenstände an. Einen solchen Aufbau nennt man **Elektromagneten.**

Elektromagnete können in fast jeder Größe und Stärke hergestellt werden. Die magnetische Wirkung ist veränderbar, indem man die Stärke des elektrischen Stroms anpasst. Das bedeutet auch, dass die magnetische Wirkung anders als bei Permanentmagneten ein- und ausgeschaltet werden kann.

> Je größer die Stärke des elektrischen Stroms durch einen Elektromagneten ist, desto stärker ist seine magnetische Wirkung.

Diese Wirkung wird heute genutzt, um mit einem Lasthebemagneten eine schwere Last aus Metall zu heben oder in automatisierten Anlagen Metallmüll auszusortieren. Weitere Anwendungen der magnetischen Wirkung sind die elektrische Klingel oder Elektromotoren, wie sie in Fahrzeugen, Staubsaugern oder Küchenmaschinen genutzt werden.

SCHÜLEREXPERIMENT

1 Magnetische Wirkung des elektrischen Stroms

Ziel:

In diesem Schülerexperiment baust du mithilfe einer Schraube und etwas Draht einen Elektromagneten und untersuchst seine Eigenschaften.

Vorbereitung:

- Du benötigst für das Experiment eine ca. 8 cm lange Gewindeschraube aus Eisen, lackierten oder isolierten Draht, drei Batterien unterschiedlicher Stärke, eine Magnetnadel, mehrere Büroklammern, einen Stabmagneten, einen Nagel und Schmirgelpapier.
- Lege dir dein Heft und einen Stift zurecht, um deine Beobachtungen zu notieren.

Durchführung:

Teil 1: Bau eines Elektromagneten

- Wickle den lackierten Draht sauber und dicht um die Gewindeschraube und entferne mit dem Schmirgelpapier an den beiden Enden des Drahtes den aufgetragenen Lack.
- Verbinde nun die beiden Drahtenden mit den Polen der Batterie und halte dann das Ende der Schraube über die Büroklammern.
- Notiere deine Beobachtungen stichpunktartig in deinem Heft und dokumentiere sie mit einem Foto.
- Vergleiche dein Ergebnis zum Elektromagneten mit deinem Foto aus dem Schülerexperiment zu den Eigenschaften eines Permanentmagneten.
- Untersuche, was geschieht, wenn du den Elektromagneten von der Batterie löst. Beschreibe deine Beobachtung.

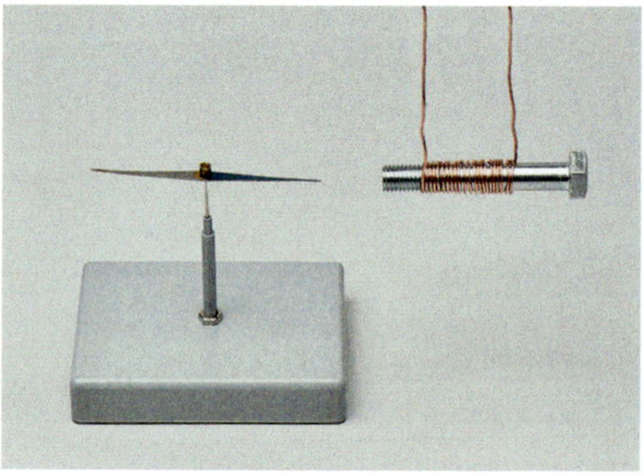

▸ 1 Elektromagnet an einer Magnetnadel

Teil 2: Polung des Elektromagneten

- Überprüfe mithilfe einer Magnetnadel, wo bei deinem selbstgebauten Elektromagneten der Nord- bzw. der Südpol zu finden ist (▸ 1).
- Dokumentiere deine Ergebnisse mithilfe kleiner Skizzen und vergleiche sie mit deinen Skizzen für den Stabmagneten.

Auswertung:

- Fertige ein Protokoll zum Versuch an.

Weiter gedacht

- Überlege dir Wege, um einen stärkeren Magneten zu bauen. Schreibe deine Überlegungen in dein Heft und überprüfe deine Ideen experimentell. Protokolliere anschließend die Ergebnisse. Vergleiche die Stärke deines verbesserten Elektromagneten mit einem Stabmagneten.
- Erforsche, ob du die Pole deines Elektromagneten durch eine geschickte Schaltung oder eine andere Wicklung des Drahtes vertauschen kannst.
- Teste, ob du mit deinem Elektromagneten einen Nagel magnetisieren kannst. Beschreibe dein Vorgehen. Gib zwei Möglichkeiten an, um den magnetisierten Nagel wieder zu entmagnetisieren.

AUS DER GESCHICHTE

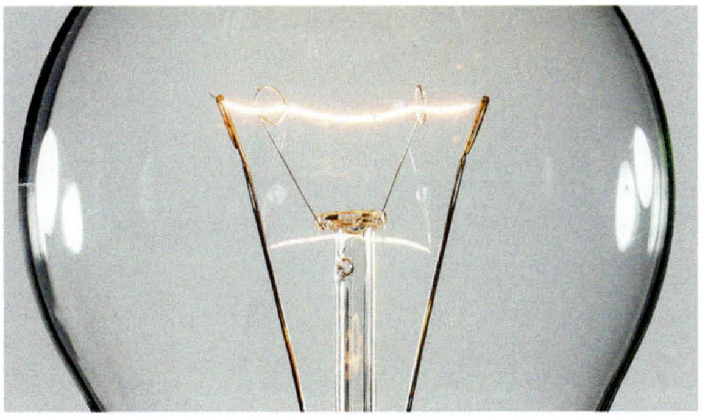

▸ 2 Ein Glühdraht erzeugt viel Wärme.

▸ 3 Kerze, Glühlampe, Energiesparlampe und LED

Von der Glühlampe zur LED

Die Entwicklung elektrischer Lichtquellen begann in der Mitte des 19. Jahrhunderts, als Heinrich GÖBEL (1818–1893) versuchte, Bambusfasern zum Glühen zu bringen. Damit die Fasern den Strom leiteten, verkohlte er sie und schmolz sie in Glasampullen ein.

Um beständig leuchtende Glühlampen herzustellen, experimentierte Thomas Alva EDISON (1847–1931) mit unzähligen Materialen wie Pappe, Holz, Seide und Baumwolle. Auch er benutzte 1879 Bambusfasern und baute damit eine Glühlampe, die zunächst 40 Stunden leuchtete. Weitere Bearbeitungen der Fasern führten in den Folgejahren zu Brenndauern von bis zu 2000 Stunden. Im Jahr 1890 patentierte Alexander Nikolayevich LODYGIN (1847–1923) eine Glühlampe mit einem Draht aus Wolfram. Die Glühlampe war sehr erfolgreich und wurde über ein Jahrhundert kommerziell verwendet. Doch sie hatte einen großen Nachteil: Sie wurde schnell sehr heiß und bewirkte durch den Stromfluss eher ungewollt viel mehr Wärme als die gewünschte Aussendung von Licht (▸ 2).

Die Halogenlampe war eine Weiterentwicklung der Glühlampe mit Wolframglühfaden. In ihrem Glaskolben aus Quarz oder Hartglas befand sich ein Füllgas mit Halogenzusatz wie z. B. Jod oder Brom. Diese Lampen konnten bei einer Brenndauer von bis zu 3000 Stunden sehr kompakt gebaut werden, beruhten aber immer noch auf einem Glühdraht, der viel zu viel Wärme verursachte.

Die Leuchtstoffröhre wurde auf der Grundlage der Entladungsröhren von Heinrich GEISSLER (1814–1879) ab 1901 weiterentwickelt. Sie besitzt eine hohe Lichtausbeute und weist eine sehr lange Lebensdauer auf. Bei dieser Lampenform stand endlich die Leuchtwirkung und nicht die Wärmewirkung des Stromes im Vordergrund. Der Durchbruch gelang ihr nach einigen Verbesserungen im Jahre 1926.

Eine Weiterentwicklung der Leuchtstoffröhren bildeten Ende des 20. Jahrhunderts die Energiesparlampen. Sie sind deutlich effizienter als all ihre vorangegangenen elektrischen Lichtquellen, haben aber den Nachteil, dass ihr Licht nicht sofort nach dem Einschalten zur Verfügung steht. Außerdem ist zum Betrieb giftiges Quecksilber notwendig.

Die neueste Lampengeneration sind die LEDs (Leuchtdioden). Eine LED entwickelt kaum Wärme, ist robuster als eine Glühlampe und kann bis zu 25 000 Stunden betrieben werden. Als Erfinder gilt Henry ROUND (1881–1966) im Jahr 1907. Zu Beginn hatten die LEDs nur eine geringe Leuchtfähigkeit, doch große Fortschritte in der Technik in den 1950er-Jahren, sowie die Entwicklung farbiger LEDs verhalfen ihr Anfang des 21. Jahrhunderts zum erfolgreichen Einsatz in Haushalt und Technik.

1) Skizziere einen Zeitstrahl, der die Entwicklung der Leuchtmittel mit ihren wichtigsten Erfindern darstellt.

2) Stelle die Vorteile und Nachteile von Glühlampen, Energiesparlampen und LEDs übersichtlich in einer Tabelle zusammen.

EXPERIMENTE UND AUFGABEN

1 Schreibfolie

Material:

Schreibfolie, Wollschal

Durchführung:

Lege ein Stück Schreibfolie auf den Tisch und reibe kräftig mit einem Wollschal darüber. Beschreibe und erkläre deine Beobachtung, wenn man die Folie nun an den Wollschal hält.

2 Hängende Trinkhalme

Material:

Trinkhalme, Nadel, Faden, Wollschal, Glas

Durchführung:

Durchstich einen Trinkhalm in der Mitte mit einer Nadel, ziehe einen Faden ein und hänge den Halm damit horizontal auf. Lade den Halm ein wenig durch Reibung an einem Wollschal. Reibe den Schal nun auch an einem zweiten Trinkhalm, bzw. kräftig an einem Glas und bringe beides nacheinander in die Nähe des hängenden Halms. Beschreibe deine Beobachtungen, vergleiche und erkläre.

Verletzungsgefahr!
Pass auf, dass du dich und andere mit der Nadel nicht verletzt!

3 Eine geladene Metallkugel wird ohne Berührung über die Platte eines elektrisch neutralen Elektroskops gehalten. Bei diesem Vorgang kann keine Ladung auf das Elektroskop überwechseln. Erläutere das Verhalten der freien Elektronen im Metall des Elektroskops und erkläre damit den Zeigerausschlag. Unterscheide dabei die Situation in der oberen Platte des Elektroskops und im Zeigersystem.

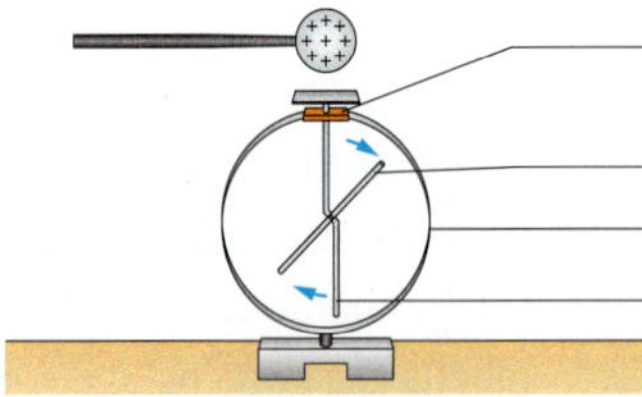

4 Selbstgebautes Elektroskop

Material:

Glas mit Kunststoffdeckel, Kupferdraht (ca. 15 cm, mind. 1 mm Durchmesser), Alufolie, Kerze, Zange, Klebstoff, Wollschal, Mülltüte

Durchführung:

a) Biege den Kupferdraht mit der Zange zu einem L. Halte den Draht mit der Zange fest und erhitze das lange Ende des Drahtes über der Kerze. Stecke das heiße Drahtende von unten durch den Deckel. Pass auf, dass du dich nicht verbrennst. Der Draht soll oben ein wenig herausschauen. Stecke oben auf den Draht eine Kugel aus zusammengeknüllter Aluminiumfolie. Sollte der Draht nicht von alleine an dem Kunststoff halten, musst du ein wenig Klebstoff nehmen. Hänge auf das waagerechte Stück des Drahtes einen dünnen Streifen Aluminiumfolie, sodass sich die beiden herabhängenden Seiten fast berühren. Schraube den Deckel auf das Glas.

b) Reibe mit dem Wollschal über die Mülltüte. Berühre dann mit der aufgeladenen Mülltüte die Aluminiumkugel. Notiere deine Beobachtungen und erkläre sie.

c) Lade das Elektroskop auf. Berühre mit deinen Fingern die Aluminiumkugel. Notiere deine Beobachtungen und erkläre sie.

5 Erkläre das Problem, das sich bei einem Elektroskop aus Kunststoff ergibt.

6 Zwei Elektroskope sind positiv geladen, haben aber unterschiedliche Zeigerausschläge. Stelle eine Vermutung über die Veränderung der Zeigerausschläge auf, wenn die beiden Elektroskope mit einem Kabel verbunden werden.

7 Reibt man einen Hartgummistab an einem Fell, dann sind anschließend der Stab negativ und das Fell positiv geladen. Erkläre diese Erscheinung mithilfe des Kern-Hülle-Modells.

8 Nach längerer Autofahrt steigt Max aus dem Auto. Als er die Autotür berührt, um sie zu schließen, erhält er plötzlich einen elektrischen Schlag. Stelle eine begründete Vermutung darüber auf, wie und wo sich Max aufgeladen haben könnte. Erkläre das Zustandekommen des elektrischen Schlags, indem du die Situation mit der bei einem Gewitter vergleichst.

9 Schreibe einen kurzen Text über die Arbeitsweise eines Toasters. Gehe dabei auf alle auftretenden Wirkungen des elektrischen Stroms ein und achte auf eine korrekte Fachsprache.

10 Skizziere einen Versuch, um die magnetische Wirkung des Stroms nachzuweisen.

11 Erläutere den Vorteil eines Elektromagneten gegenüber einem Permanentmagneten.

12 Erläutere die sinnvolle Empfehlung, heutzutage keine Glühlampen im Haushalt einzusetzen.

13 Im Winter frieren bei Kraftfahrzeugen häufig die Heckscheiben zu. Informiere dich im Internet über die Funktionsweise einer Heckscheibenheizung.

14 Gib für die dargestellten Objekte in den folgenden Bildern die genutzten Wirkungen des elektrischen Stromes an.

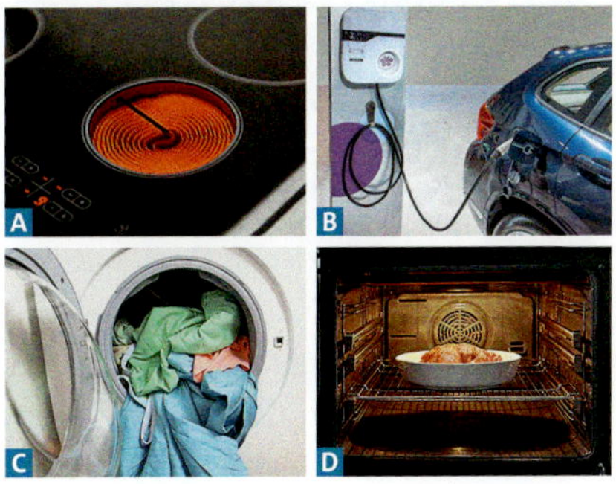

15 Im 19. Jahrhundert entwickelte EDISON die Glühlampe und brachte elektrisches Licht in die Haushalte der Menschen.

a) Überlege dir Verbesserungen, die EDISON ausgehend von einer leuchtenden Glühwendel deiner Meinung nach durchführen musste, damit er eine funktionstüchtige Glühlampe erhielt. Bedenke dabei, dass für eine Glühlampe Helligkeit und eine lange Haltbarkeit nötig sind.

b) Recherchiere im Internet nach den Verbesserungen, die EDISON tatsächlich vorgenommen hat und vergleiche deine Ergebnisse mit deinen eigenen Verbesserungsvorschlägen.

▸ 1 Strom bestimmt unseren Alltag.

2 Einfache elektrische Schaltungen

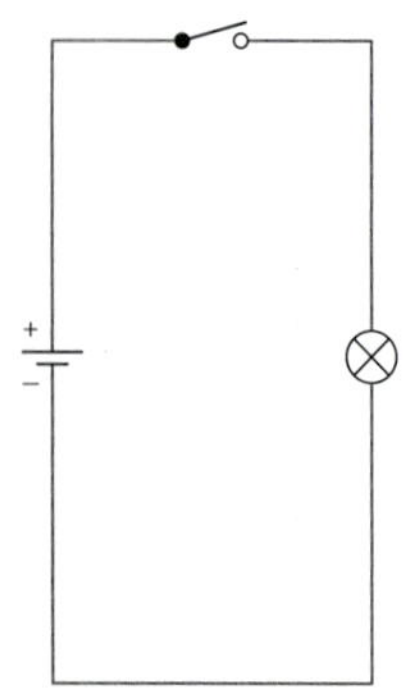

▸ 2 Schaltplan mit Batterie, Schalter und Glühlampe

Elektrische Quellen können Batterien, Akkumulatoren, Solarzellen, Netzgeräte oder auch eine Steckdose sein.

Bestandteile eines Stromkreises

Damit elektrischer Strom dauerhaft fließt, sind zwei Voraussetzungen zwingend erforderlich:

(1) Es muss eine **elektrische Quelle** vorhanden sein. Eine solche Quelle stellt an ihrem Minuspol einen Elektronenüberschuss, am Pluspol einen Elektronenmangel bereit.

(2) Die elektrische Quelle und die Bauelemente (z.B. eine Glühlampe) müssen zu einem **geschlossenen** Stromkreis leitend miteinander verbunden werden.

Elektronen werden vom Minuspol der elektrischen Quelle durch den Stromkreis zum Pluspol getrieben. Innerhalb der Quelle werden sie dann unter Einsatz von Energie wieder zum Minuspol zurück gedrückt. Die elektrische Quelle ist daher in der Regel keine Quelle von Elektronen wie bei einer Wasserquelle, sondern als Quelle für den elektrischen Antrieb zu verstehen. Die Elektronen zirkulieren im Stromkreis.

In einem Stromkreis gehen keine Elektronen verloren. Strom wird nicht verbraucht.

Ein einfaches Beispiel ist die Verbindung Batterie (Pluspol) – Kabel – Glühlampe – Kabel – Batterie (Minuspol). In vielen Stromkreisen sind Schalter eingebaut, mit denen der Stromkreis geöffnet oder geschlossen werden kann. Zudem gibt es die Möglichkeit von Verzweigungen.

In **Schaltplänen** (▸ 2) werden reale Stromkreise schematisch dargestellt. Für einzelne Bauelemente verwendet man **Schaltzeichen** oder Schaltsymbole (▸ 3).

elektrische Quelle (Batterie)	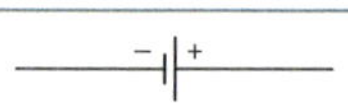
elektrische Quelle (Steckdose)	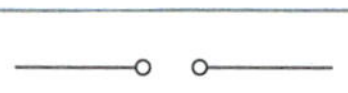
Verzweigung (Knoten)	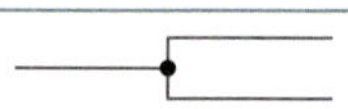
Glühlampe	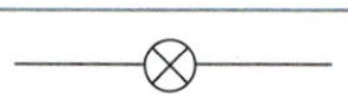
Schalter (offen)	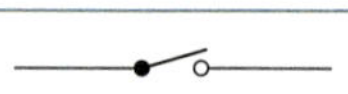
Wechselschalter	
Klingel	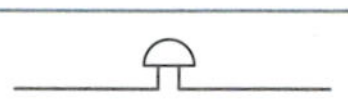

▸ 3 Schaltzeichen für Schaltpläne

Schaltungen

Im einfachsten Fall wird ein elektrisches Gerät mit einer elektrischen Quelle zu einem geschlossenen Stromkreis verbunden (▸ 4).

Oft werden aber auch mehrere Bauelemente in einen Stromkreis eingebaut. Glühlampen können z.B. hintereinander geschaltet werden (▸ 5). Der Stromkreis ist unverzweigt, man spricht von einer **Reihenschaltung** (z.B. bei Lichterketten). Glühlampen können auch parallel zueinander geschaltet werden (▸ 6). Der Stromkreis wird in zwei Knotenpunkten verzweigt, man spricht von einer **Parallelschaltung.** In unseren Haushalten werden elektrische Geräte (z.B. Lampen, Fernsehapparat, Computer) parallel geschaltet.

Verwendet man in einer Reihenschaltung (▸ 5) zwei baugleiche Glühlampen L_1 und L_2, stellt man fest, dass bei geschlossenem Schalter S beide Lampen gleich hell leuchten. Die Elektronen bewegen sich dabei im Kreis. Die Lampen verbrauchen keine Elektronen. Öffnet man den Schalter zwischen L_1 und L_2, leuchtet keines der beiden Lämpchen, obwohl beide noch mit jeweils einem Pol der Batterie verbunden sind. Ein Schalter unterbricht den Stromkreis genauso, wie ein geschlossenes Absperrventil einen Wasserstrom unterbricht.

In ▸ 6 leuchtet die baugleiche Lampe L_3 heller als die anderen Lampen. L_1 und L_2 leuchten gleich hell. Der Strom, der L_3 durchfließt, teilt sich im Knotenpunkt in zwei Teilströme auf.

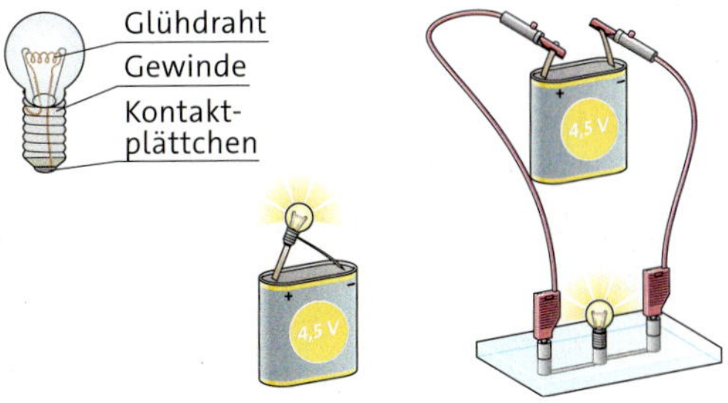

▸ 4 Glühlampe an einer Batterie

Eine Glühlampe stellt für den Strom ein Hindernis dar. Überbrückt man sie z.B. mit einem Kabel, fließt der Strom fast vollständig an der Lampe vorbei, sie leuchtet nicht mehr. Verbindet man direkt die Pole einer elektrischen Quelle, spricht man von einem **Kurzschluss.** Dabei fließen sehr große Ströme, die aufgrund der entstehenden hohen Temperatur der elektrischen Quelle schaden (▸ 7). Bei jeder Schaltung muss geprüft werden, dass kein Kurzschluss vorhanden ist.

▸ 7 Kurzschlüsse sind zu vermeiden.

Auch Schalter können in Reihe oder parallel geschaltet werden. Eine Reihenschaltung zweier Schalter nennt man **UND-Schaltung**, eine Parallelschaltung **ODER-Schaltung**.

AUFGABE

1 Drei gleiche Glühlampen lassen sich zu vier verschiedenen Schaltungen kombinieren. Zeichne die vier Schaltpläne und stelle jeweils eine begründete Vermutung über die Helligkeit der drei Lampen auf.

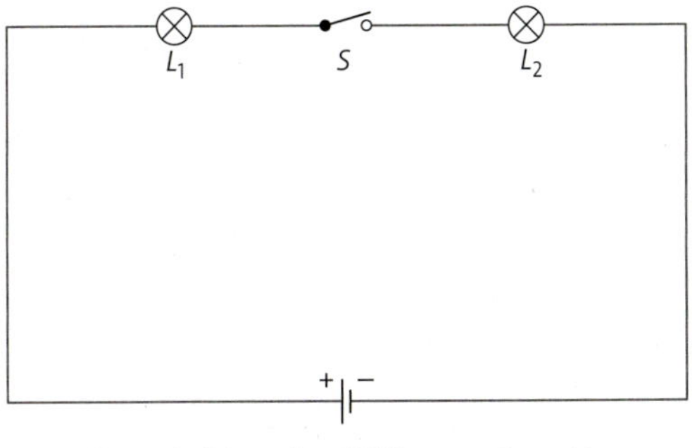

▸ 5 Reihenschaltung der Glühlampen L_1 und L_2

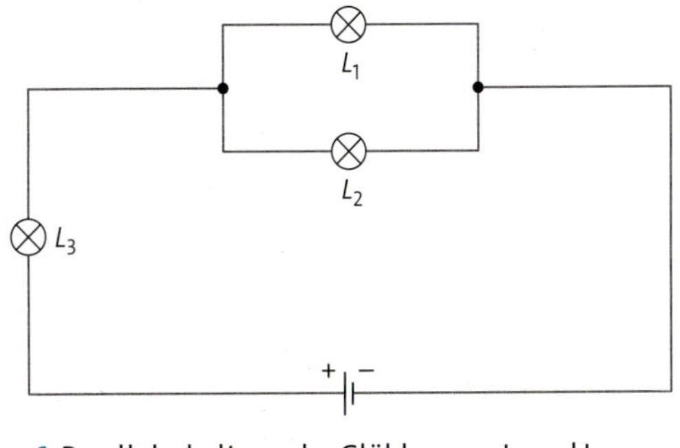

▸ 6 Parallelschaltung der Glühlampen L_1 und L_2

METHODE

Schaltpläne zeichnen

Damit in einem Stromkreis ein elektrischer Strom fließt, sind zwei Voraussetzungen erforderlich:

- Im Stromkreis muss eine elektrische Quelle vorhanden sein.
- Die elektrische Quelle muss mit den Bauelementen im Stromkreis leitend miteinander verbunden sein.

In einem Stromkreis können sich neben einer elektrischen Quelle Glühlampen, Schalter oder andere Bauelemente befinden. Sie können unterschiedlich angeordnet und verschieden miteinander verbunden sein.
Es wäre sehr umständlich, die verschiedenen Bauelemente zu zeichnen. Zur Vereinfachung verwendet man deshalb in Physik und Technik **Schaltpläne** und für die einzelnen Bauelemente **Schaltzeichen.**

▸ 1 Mikrowelle

Wie du bei der Entwicklung von Schaltplänen und beim Zeichnen eines Schaltplans vorgehen kannst, wird am Beispiel einer Mikrowelle beschrieben.

Allgemeine Schritte	Beispiel
1. Wofür soll ein Schaltplan entwickelt werden?	
Mit einer Schaltung soll ein bestimmter Zweck erreicht werden. Dieser muss klar formuliert sein.	Aus Sicherheitsgründen funktioniert eine Mikrowelle nur, wenn die Tür geschlossen ist und das Gerät eingeschaltet wird. Realisiert wird das mit zwei Schaltern. Entwirf dafür einen Schaltplan.
2. Auswahl der Bauelemente	
Es werden die erforderlichen Bauelemente ausgewählt. Stellvertretend für komplexe Geräte kann eine Glühlampe verwendet werden.	Notwendig sind zwei Schalter. Als Schaltzeichen für die Mikrowelle wird eine Glühlampe genommen. Als elektrische Quelle dient eine Steckdose.
3. Anordnung der Bauelemente und Zeichnen des Schaltplans	
Überlege, wie die Bauelemente angeordnet werden müssen. Sie können in Reihe oder parallel zueinander geschaltet werden. Achte dabei auf Übersichtlichkeit.	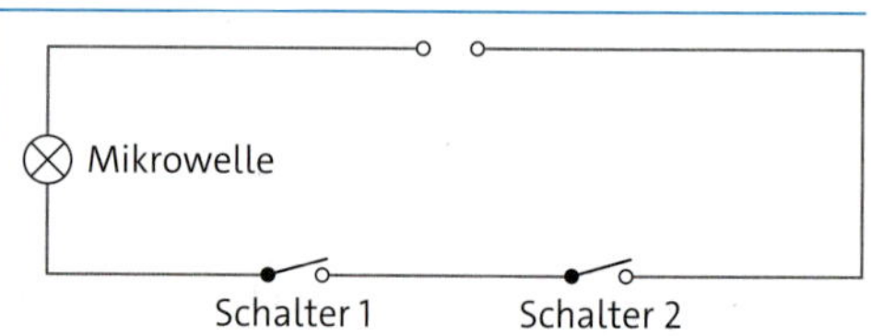

Um die Mikrowelle einzuschalten, muss die Tür geschlossen werden (Schalter 1) und das Gerät eingeschaltet werden (Schalter 2). Das Öffnen der Tür führt zum Abschalten des Geräts.

METHODE

Software nutzen

Mithilfe von Programmen oder Apps lassen sich mit einem Computer, einem Tablet oder einem Smartphone elektrische Schaltungen entwickeln. Als Beispiel betrachten wir eine Schaltung mit einer elektrischen Quelle, zwei Schaltern und zwei Glühlampen.
Beim Vorgehen solltest du dich an folgenden Schritten orientieren:

1. Auswahl der Software
Es gibt eine Vielzahl unterschiedlicher Programme und Apps. Nutze die Empfehlung der Lehrkraft. Wenn du dir selbst ein Programm suchst, dann verwende nur Freeware.
Mache dich mit der Bedienung des Programms vertraut.

2. Auswahl der Bauelemente
Suche die Bauelemente heraus, die du für deine Schaltung brauchst (▸ 2). Ordne sie übersichtlich an. Beachte dabei:
- Manche Programme arbeiten mit bildhaften Darstellungen.
- Die Schaltzeichen können sich von denen unterscheiden, die du aus dem Physikunterricht kennst.

3. Verbinden der Bauelemente und Prüfen der Schaltung
Verbinde die Bauelemente durch Leiter (▸ 3). Achte dabei auf Übersichtlichkeit. Bei manchen Programmen kannst du prüfen, ob die Schaltung funktioniert (▸ 4). Führe, wenn möglich, diese Prüfung durch.

4. Aufbau und Prüfung der realen Schaltung
Baue die Schaltung nach dem Schaltplan mit realen Bauelementen auf. Lass sie von der Lehrkraft prüfen. Probiere aus, ob die Schaltung funktioniert.

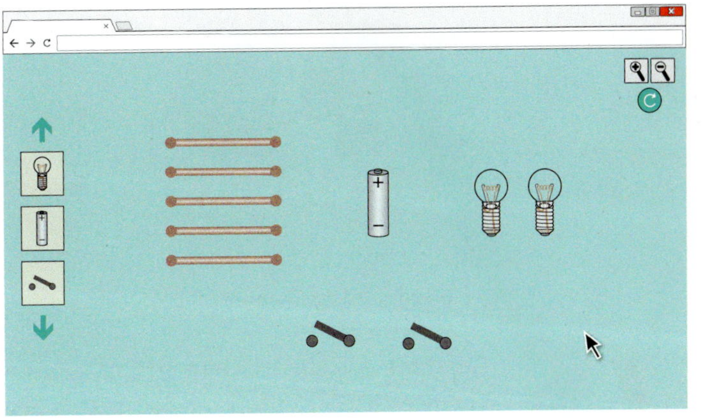

▸ 2 Auswahl und Anordnung der erforderlichen Bauelemente

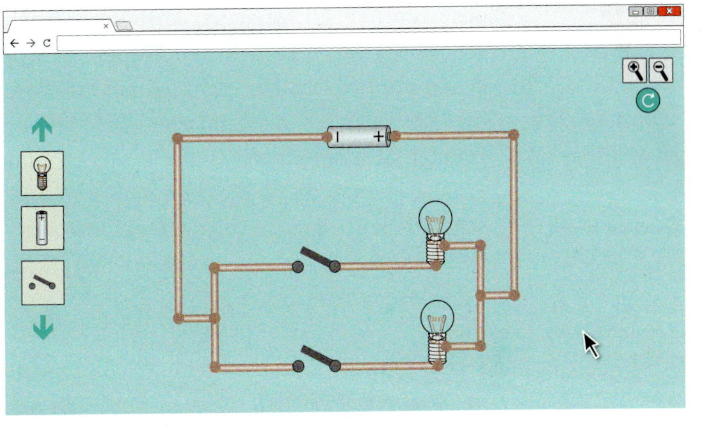

▸ 3 Verbindung der Bauelemente durch Leiter

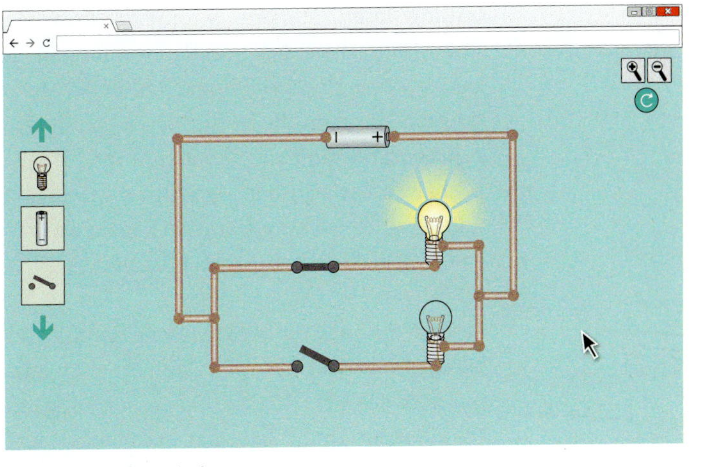

▸ 4 Prüfung der Schaltung

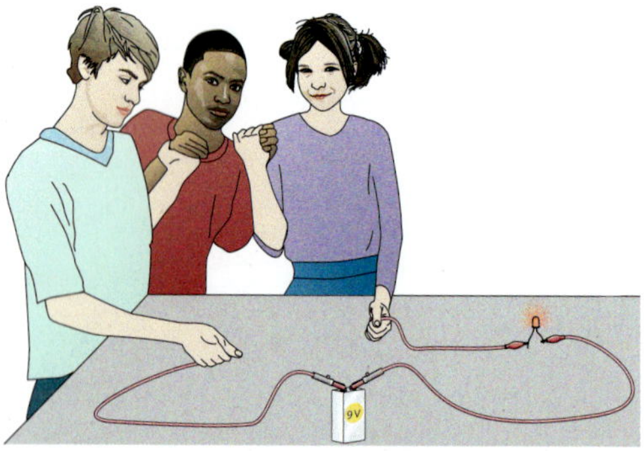

▸ 1 Durch eine Menschenkette fließt Strom.

▸ 2 Steckdose 230 V
Finger weg!

Die Spannung ist ein Maß für die Antriebsstärke einer elektrischen Quelle. Sie wird in der Einheit Volt (V) angegeben.

Gefahren des elektrischen Stroms

Der menschliche Körper kann den elektrischen Strom leiten (▸ 1). Die Wirkung von elektrischem Strom auf den Menschen hängt von der Stärke des Stroms, der Einwirkdauer sowie vom Stromweg durch den menschlichen Körper ab. Sehr kleine Ströme schaden nicht. Manchmal werden sie sogar zur medizinischen Behandlung genutzt. Aber bereits etwas größere elektrische Ströme können den Menschen verletzen oder sogar töten. Ströme, die von der Steckdose angetrieben werden, sind für den Menschen in der Regel lebensgefährlich (▸ 2).

Bereits schwache Ströme überlagern die Signale in den menschlichen Nerven und können Krämpfe verursachen. Unter Umständen kann man seine Hand nicht mehr von der elektrischen Leitung lösen. Stärkere Ströme verursachen Atmungsbeschwerden und Verbrennungen. Es kann auch zu Unregelmäßigkeiten in der Herztätigkeit kommen, die bis zur Bewusstlosigkeit, zum Herzstillstand und damit zum Tod führen. Deshalb muss sich der Mensch schützen und unbedingt die rechts genannten Regeln im Umgang mit elektrischem Strom einhalten.

Besonders kritisch ist der Stromweg Hand-Hand, bei dem der Strom über den Oberkörper und damit über das Herz fließen und dessen Tätigkeit beeinflussen kann. Bei einer Taschenlampenbatterie ist das noch ungefährlich, bei einer Steckdose kann es tödlich sein.

Beachte folgende Sicherheitsregeln im Umgang mit elektrischem Strom:

1. Experimentiere niemals mit elektrischen Quellen, die eine Spannung von 25 Volt oder mehr besitzen. Beachte: Die Spannung an der Steckdose beträgt 230 Volt und ist daher lebensgefährlich.
2. Berühre niemals die Pole einer Steckdose, blanke Leitungen oder Leitungen mit schadhafter Isolierung mit bloßen Händen oder anderen Leitern.
3. Ziehe Netzkabel immer am Stecker, nicht am Kabel selbst aus der Steckdose.
4. Hantiere nicht mit feuchten Händen an elektrischen Geräten.
5. Nutze keine an der Steckdose angeschlossenen Geräte, wenn du in der Badewanne bist oder auf nassem Boden stehst.
6. Ziehe vor jeder feuchten Reinigung eines elektrischen Geräts immer zuerst den Stecker aus der Steckdose.
7. Schraube keine Elektrogeräte auf und lass Reparaturen nur von Fachleuten durchführen.

Zusätzliche Regeln beim Experimentieren:

1. Beachte stets die Experimentieranweisungen.
2. Sorge für einen freien Arbeitsplatz und bemühe dich um einen übersichtlichen Aufbau.
3. Verwende als Quelle nur Batterien oder zugelassene Netzgeräte.
4. Vermeide Kurzschlüsse. Ein Kurzschluss überbrückt alle Bauelemente im Stromkreis und schafft eine direkte Verbindung zwischen den Polen der Quelle.
5. Schalte die elektrische Quelle der aufgebauten Schaltung erst nach einer Kontrolle durch die Lehrkraft ein. Schalte die Quelle vor jedem Schaltungsumbau ab.

SCHÜLEREXPERIMENT

1 Schaltungen im Alltag

Ziel:

In diesem Schülerexperiment untersuchst du elektrische Schaltungen aus dem Alltag.

Vorbereitung:

- Du benötigst für die Schaltungen ein Netzgerät oder eine Batterie, zwei bis drei Schalter und zwei Wechselschalter, eine Glühlampe, Kabel und ein Steckbrett.
- Lege dir dein Heft und einen Stift zurecht, um deine Beobachtungen zu notieren.

Durchführung:

Teil 1: Sicherheitsschaltung einer Motorsäge

Um zu verhindern, dass man mit einer Hand in die laufende Sägekette greift, können Motorsägen meist nur dann in Betrieb genommen werden, wenn man zwei Schalter S_1 und S_2 gleichzeitig betätigt. Diese sind so angeordnet, dass man mit einer Hand immer nur einen Schalter erreicht.

- Entwickle mit geeigneter Software den Schaltplan der elektrischen Schaltung. Anstelle des Motors der Säge zeichnest du eine Glühlampe L, die als Nachweis für den laufenden Motor leuchtet.
- Notiere in deinem Heft eine Schalttabelle wie in ▸ 3 und befülle sie. Überprüfe deinen Schaltplan in der Software und vergleiche mit der Schalttabelle.
- Baue deine Schaltung mithilfe deines Schaltplans auf und überprüfe die erstellten Einträge in der Schalttabelle.

Teil 2: Zwei Schalter für eine Klingel

Eine Klingel soll dann anschlagen, wenn ein Schalter S_1 an der Gartentür oder ein Schalter S_2 an der Haustür gedrückt wird.

- Entwickle mit geeigneter Software den Schaltplan für diese Situation und erstelle eine Schalttabelle in deinem Heft.
- Baue die Schaltung nach und prüfe die erstellten Einträge in der Schalttabelle.

Teil 3: Zwei Schalter für eine Lampe

In großen Zimmern, einem Flur oder einem Treppenhaus möchte man eine zentrale Lampe gern von zwei Schaltern aus bedienen, die räumlich voneinander getrennt sind. Ein Schalter könnte sich am Anfang, einer am Ende des Flurs befinden. Die Lampe soll durch jeden Schalter ein- bzw. ausgeschaltet werden können, unabhängig davon, in welcher Position sich der andere Schalter gerade befindet. Dazu benötigst du Wechselschalter wie in ▸ 4. Das sind Schalter, die den Leiter nicht einfach unterbrechen, sondern zwischen zwei Kontakten hin und her schalten.

- Entwickle mit geeigneter Software den Schaltplan für diese Situation.
- Fertige dazu eine Schalttabelle in deinem Heft an und fülle sie aus.
- Baue die Schaltung nach und überprüfe deine Einträge in der Schalttabelle.

Auswertung:

- Fertige ein Protokoll zum Versuch an.

S_1	0	0	1	1
S_2	0	1	0	1
L	...	...	...	...

0: Schalter offen, 1: Schalter geschlossen

▸ 3 Schalttabelle

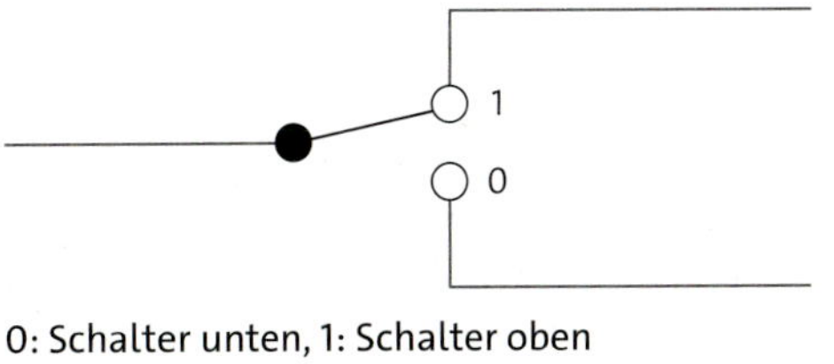

0: Schalter unten, 1: Schalter oben

▸ 4 Wechselschalter

Vorsicht! Beachte bei allen Schaltungen die Sicherheitshinweise der vorherigen Seite.

EXPERIMENTE UND AUFGABEN

1 Zwei Glühlampen sind an eine elektrische Quelle angeschlossen. Begründe deine Beobachtung, wenn jeweils eine der beiden Lampen aus der Fassung gedreht wird.

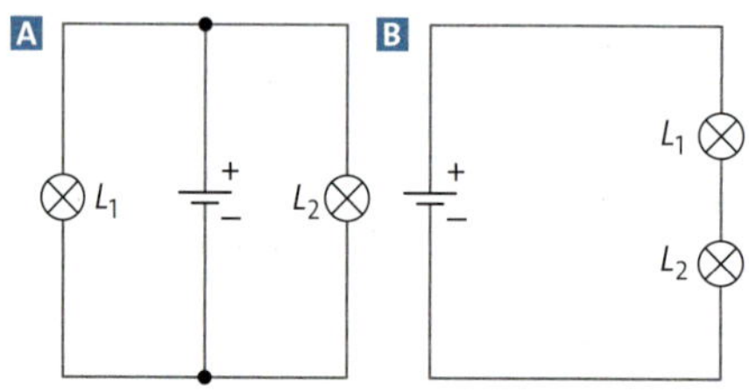

2 Herr Lüneberg möchte eine Schaltung für seine Werkstatt entwerfen. Mithilfe eines Schalters S_1 soll die Deckenleuchte L_1 an- und abschaltbar sein. Nur wenn die Deckenleuchte leuchtet, soll über einen weiteren Schalter S_2 eine Tischlampe L_2 an- und abschaltbar sein. Zeichne einen Schaltplan im Heft oder in einer Software.

3 Eine Klingelschaltung enthält neben einer Batterie, einer elektrischen Klingel, einem Schalter S_1 an der Haustür und einem Schalter S_2 an der Wohnungstür noch einen Hauptschalter S_3, um die Anlage außer Betrieb zu nehmen. Zeichne einen Schaltplan im Heft oder in einer Software.

4 **a)** Zu Weihnachten verblüfft der Vater seine Kinder: Er nimmt ein Lämpchen der Baumbeleuchtung zwischen seine Finger und pustet alle Lämpchen aus. Erkläre den Zaubertrick des Vaters.
b) Für die lange Kette der Weihnachtsbaumbeleuchtung auf dem Marktplatz eignet sich keine Reihenschaltung. Beschreibe die Nachteile.
c) Haushaltsgeräte werden üblicherweise parallel an das Stromnetz angeschlossen. Begründe, dass eine Reihenschaltung nicht sinnvoll wäre.

5 Das Schaltbild unten zeigt eine Innenraumbeleuchtung eines zweitürigen Autos, an dessen Türen sich jeweils einer der Schalter S_1 und S_2 befindet. Diese Schalter werden automatisch geschlossen, sobald sich die jeweilige Tür öffnet. Schalter S_3 befindet sich im Autoinneren direkt neben einer der Lampen. Benenne die übliche Bezeichnung für die Schaltung der drei Schalter. Erkläre den Vorteil dieser Anordnung.

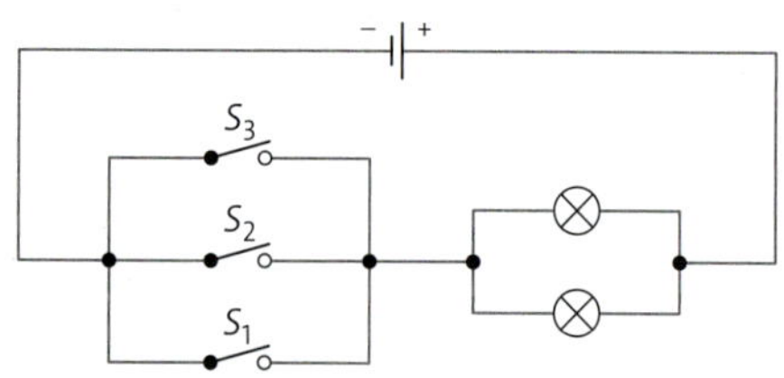

6 In einer Schaltung mit Batterie soll man mit einem Schalter abwechselnd zwei Glühlampen zum Leuchten bringen. Zeichne einen Schaltplan in deinem Heft oder mithilfe einer geeigneten Software.

7 Die unten dargestellte Schaltung ist mit gleichartigen Lämpchen bestückt.
a) Nur der Schalter S_4 wird geschlossen. Benenne die Lämpchen, die leuchten.
b) Die Schalter S_3 und S_4 werden geschlossen. Benenne die Lämpchen, die leuchten.
c) Baue die Schaltung im Unterricht auf. Beobachte, was geschieht, wenn man alle Schalter bis auf S_1 schließt bzw. wenn man alle Schalter bis auf S_2 schließt. Versuche deine Beobachtungen aus dem nachgebauten Versuch zu begründen.

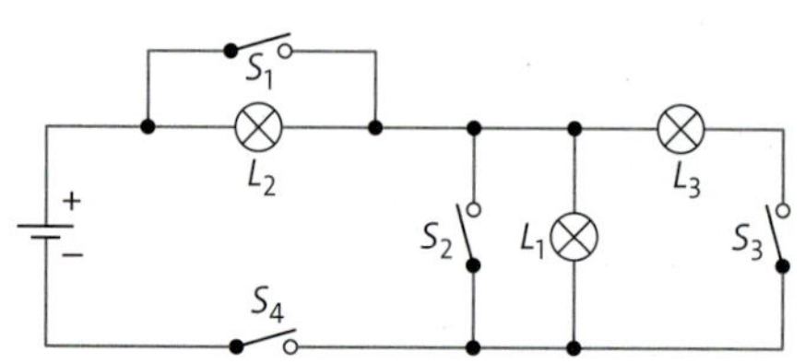

8 Zwei Lampen L_1 und L_2 sind in Reihe an eine Batterie angeschlossen. Lampe L_1 leuchtet hell, Lampe L_2 leuchtet gar nicht. Marlon meint: „Lampe L_2 ist durchgebrannt, wir sollten sie austauschen." Zeichne einen Schaltplan. Bewerte die Aussage von Marlon. Liegt er richtig? Falls du anderer Ansicht bist, begründe deine Meinung.

9 Elektrische Kabel im Alltag

Material:

alte Kabel, Schere

Durchführung:

Organisiere dir ein elektrisches Anschlusskabel, das nicht mehr benötigt wird: das alte Ladekabel eines Smartphones, das Anschlusskabel einer Weihnachtsbeleuchtung oder eines CD-Players oder auch ein altes Verlängerungskabel. Trenne das Kabel von allen elektrischen Quellen, knipse danach den Stecker ab und entsorge diesen. Untersuche, wie das Kabel aufgebaut ist und dokumentiere den Aufbau durch ein Foto. Erkläre, wie mit diesem Kabel ein geschlossener Stromkreis (etwa zu einem Lämpchen) hergestellt wird.

10 Nach einem Unfall, den die vordere Lampe des Fahrrads nicht überlebt hat, besorgt sich Max einen neuen Scheinwerfer. Bei der Montage stellt er fest, dass der neu gekaufte Scheinwerfer zwei Anschlusskabel hat, an den defekten Scheinwerfer aber nur ein Kabel zuführt. Stelle für den alten Scheinwerfer eine begründete Vermutung über das Zustandekommen eines geschlossenen Stromkreises auf. Untersuche den Anschluss an deinem Fahrrad und zeichne einen Schaltplan im Heft oder mit einer Software.

11

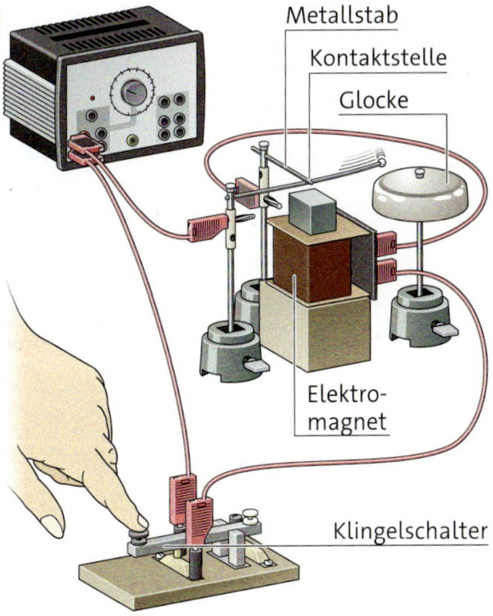

Elektrische Klingel

„Eine Klingel besteht aus einem Elektromagneten, einem elastischen Metallstab und einer Glocke. Der Elektromagnet wirkt nur dann magnetisch, wenn durch seine Spule ein Strom fließt. Schließt man den Klingelschalter, dann zieht der Elektromagnet den Metallstab an und dieser schlägt gegen die Glocke. Dabei hat sich der Metallstab aber auch von der Kontaktstelle entfernt. Der Stromkreis ist somit unterbrochen, der Elektromagnet verliert seine magnetische Wirkung und der Metallstab wird nicht mehr angezogen und schwingt zurück. Dadurch wird der Stromkreis wieder geschlossen, der Metallstab wird wieder angezogen und der Vorgang wiederholt sich."

a) Lies den Text aufmerksam durch.

b) Beschreibe mithilfe des Textes die Funktionsweise einer elektrischen Klingel mit eigenen Worten.

c) Erstelle eine Liste mit den Geräten, die du für die Durchführung dieses Modellversuchs benötigst.

d) Fertige einen Schaltplan für eine elektrische Klingel an. Als Schaltzeichen für den Elektromagneten verwendest du .

Elektrische Stromkreise

elektrisch neutral

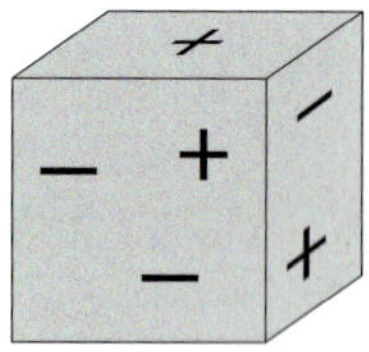

- Bei elektrisch neutralen Körpern herrscht **Ladungsgleichgewicht.**

negativ geladen

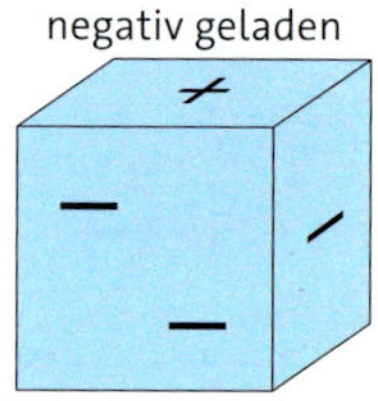

- Bei negativ geladenen Körpern herrscht **Elektronenüberschuss.**

positiv geladen

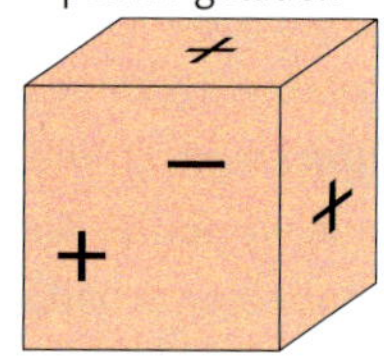

- Bei positiv geladenen Körpern herrscht **Elektronenmangel.**

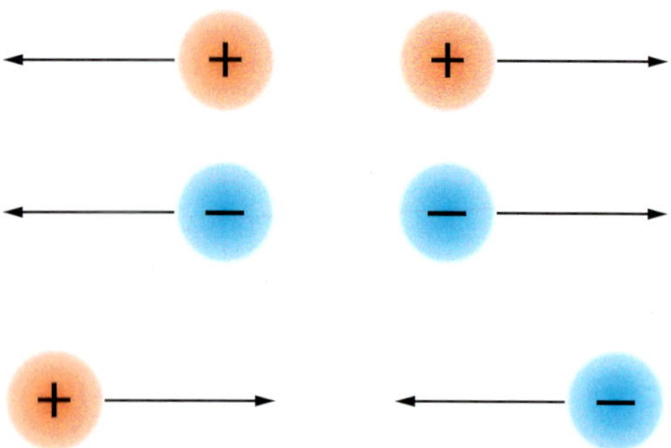

- **Gleichnamige** Ladungen stoßen sich ab, **ungleichnamige** Ladungen ziehen sich an.
- Man spricht von einem **elektrischen Strom,** wenn sich Ladungen gerichtet bewegen.

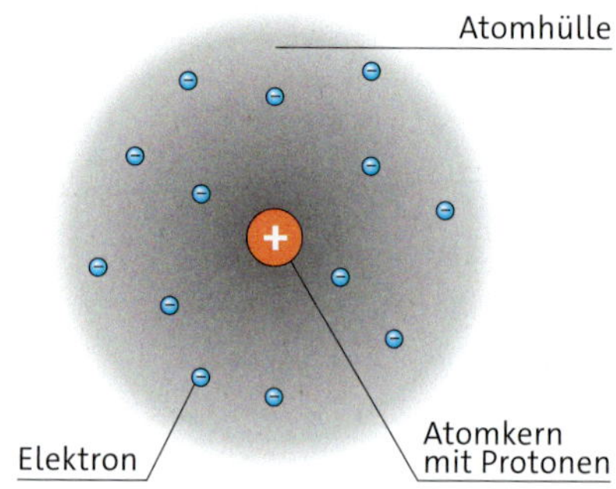

- Alle Körper bestehen aus **Atomen.**
- Im Kern-Hülle-Modell bestehen Atome aus einem positiv geladenen **Atomkern** und einer **Atomhülle.**
- In der Atomhülle befinden sich negativ geladene **Elektronen,** die sich weitgehend frei bewegen können.

Elektrischer Strom ist nur an seinen Wirkungen erkennbar:

- **Leuchtwirkung**
  z. B. LED

- **Wärmewirkung**
  z. B. Heizplatte

- **Magnetische Wirkung**
  z. B. Elektromagnet

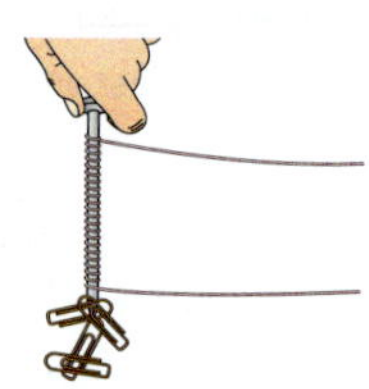

- Ein elektrischer Strom in einem Stromkreis fließt, wenn
  - eine **elektrische Quelle** (z.B. eine Batterie) vorhanden ist.
  - der Stromkreis von der Quelle über die elektrischen Bauteile **geschlossen** ist.

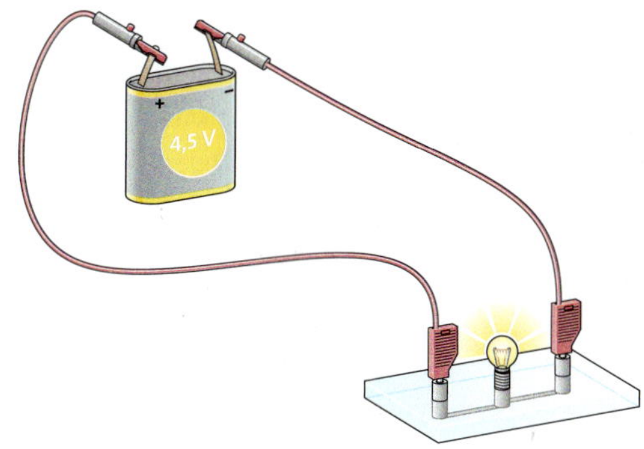

- Bei einem **Kurzschluss** fließt der Strom am elektrischen Bauelement vorbei und gelangt auf direktem Weg weiter zur elektrischen Quelle.

elektrische Quelle (Batterie)	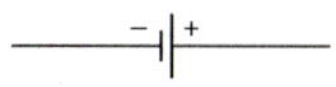
elektrische Quelle (Steckdose)	
Verzweigung (Knoten)	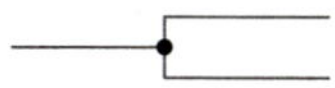
Glühlampe	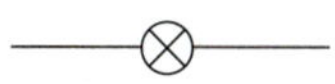
Schalter (offen)	
Wechselschalter	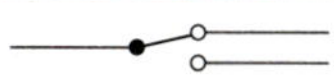
Klingel	

- Stromkreise werden mithilfe von **Schaltplänen** dargestellt.
- Für die verwendeten Bauelemente im Stromkreis verwendet man verschiedene **Schaltzeichen.**

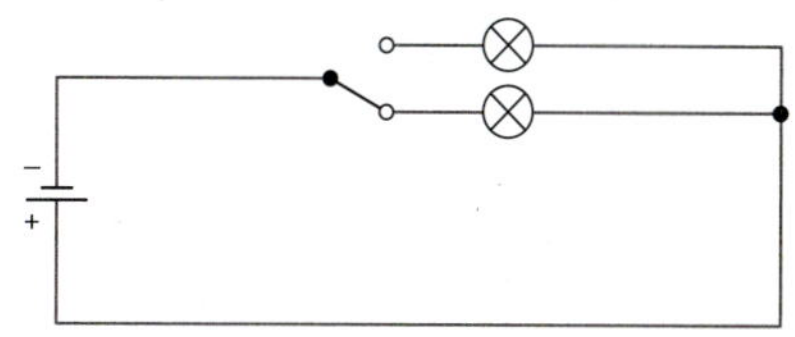

- **Für den Umgang mit elektrischem Strom sind unbedingt Regeln einzuhalten, um Schäden und Unfälle zu vermeiden (S. 84).**

Kann ich ...

- elektrostatische Phänomene aus dem Alltag nennen und erklären? (S. 68 f.)
- beschreiben, was man unter dem Kern-Hülle-Modell versteht und wie man damit das Fließen von Ladungen erklären kann? (S. 70 f.)
- das Fließen von Ladungen in einem stromdurchflossenen Draht mit einer Skizze veranschaulichen? (S. 72)
- verschiedene Wirkungen des elektrischen Stromes und dazu elektrische Geräte aus dem Alltag nennen, die diese nutzen? (S. 74 f.)
- für Schaltungen einen Schaltplan zeichnen und die zugehörige Schaltung auch aufbauen? (S. 82)
- mithilfe geeigneter Software eine Schaltung entwickeln, mit der ich z. B. eine Lampe von zwei Schaltern aus bedienen kann? (S. 83)
- Sicherheitsregeln nennen, die ich beim Aufbauen einer elektrischen Schaltung beachten muss? (S. 84)

Neben Experimenten und theoretischen Überlegungen sind Aufgaben ein wichtiger Bestandteil des Physikunterrichts und unterstützen den Lernprozess. Um Aufgaben richtig zu lösen, muss man zunächst verstehen, was genau in der Aufgabenstellung verlangt wird. Je nach Aufgabentyp werden unterschiedliche Lösungen verlangt. Dies kann meist an dem Wort zu Beginn (Operator) erkannt werden. Im Folgenden sind die wichtigsten Operatoren beschrieben und werden mithilfe einer Beispielaufgabe mit Lösung erklärt.

NENNE/GIB AN · Bei Aufgaben mit dem Wort „nennen" oder „angeben" sind Elemente, Sachverhalte, Begriffe, Daten oder Fakten ohne Erläuterung wiederzugeben.

Beispiel: Nenne die Wirkungen des elektrischen Stroms.

Lösung: Wärmewirkung, Leuchtwirkung, magnetische Wirkung.

BESCHREIBE · Bei Aufgaben mit dem Wort „beschreiben" sind Phänomene, Sachverhalte oder Zusammenhänge mit eigenen Worten, verständlich und mithilfe der Fachsprache in ganzen Sätzen wiederzugeben.

Beispiel: Ein Permanentmagnet wird mehrmals über einen Eisennagel gestrichen und dann in die Nähe von Büroklammern gebracht. Beschreibe deine Beobachtungen.

Lösung: Zu Beginn zeigt sich keine Wirkung zwischen Eisennagel und den Büroklammern. Erst nachdem mit dem Permanentmagneten über den Eisennagel gestrichen wurde, bleiben die Büroklammern am Eisennagel haften und lassen sich anheben.

VERMUTE · Bei Aufgaben mit dem Wort „vermuten" ist eine begründete Meinung zu einem Phänomen oder Sachverhalt in ganzen Sätzen zu formulieren.

Beispiel: In einer Lichterkette ist ein Lämpchen kaputtgegangen. Sven nimmt das kaputte Lämpchen aus der Fassung und bringt die Kette am Weihnachtsbaum an. Stelle eine Vermutung auf, was passiert, wenn er die Lichterkette nun einschaltet.

Lösung: Ich vermute, dass die Lichterkette nicht leuchten wird, wenn die Lampen direkt hintereinander geschaltet sind, da nun durch das Fehlen eines Lämpchens der Stromkreis nicht mehr geschlossen ist. Ein geschlossener Stromkreis ist nämlich eine Voraussetzung für einen Stromfluss, der die Lichterkette zum Leuchten bringen würde.

ERKLÄRE · Bei Aufgaben mit dem Wort „erklären" sollen zu einem bestimmten Sachverhalt die Ursachen und Zusammenhänge verständlich gemacht und auf allgemeine Aussagen oder Gesetze zurückgeführt werden.

Beispiel: Erkläre, wann wir einen Gegenstand mit unseren Augen sehen.

Lösung: Allgemein gilt, dass wir etwas sehen, wenn Licht in unser Auge trifft. Dieses Licht kann entweder von einer Lichtquelle direkt ausgehen oder von beleuchteten Körpern in unser Auge gelangen.

ERLÄUTERE · Bei Aufgaben mit dem Wort „erläutern" soll ein Sachverhalt auf allgemeine Aussagen oder Gesetze zurückgeführt und an Beispielen oder durch zusätzliche Informationen verständlich gemacht werden.

Beispiel: Erläutere den Vorteil eines Elektromagneten gegenüber einem Permanentmagneten.

Lösung: Ein Permanentmagnet ist dauerhaft magnetisch und damit nicht regulierbar. Die Stärke der magnetischen Wirkung eines Elektromagneten lässt sich über die Stärke des elektrischen Stroms verändern. Ein Elektromagnet lässt sich ein- und ausschalten. Mit Elektromagneten kann man schwere Lasten heben.

DOKUMENTIERE · Bei Aufgaben mit dem Wort „dokumentieren“ sind alle notwendigen Erklärungen, Herleitungen und zu einer Tätigkeit oder einem Experiment anzugeben. In manchen Fällen sind auch Fotos oder Tonaufnahmen hilfreich.

Beispiel: Beleuchte einen Gegenstand mit zwei Lichtquellen. Verändere die Position der Lichtquellen und dokumentiere deine Beobachtungen.

Lösung:
- Der Gegenstand wirft einen Schatten.
- Auf einem Schirm entstehen Kern- und Halbschatten, da sich beide Schattenbereiche überlagern.
- Je näher sich die Lichtquellen am Gegenstand befinden, desto größer werden die Schattenbilder.
- Je näher die Lichtquellen beieinander stehen, desto breiter wird der Kernschatten.

PROTOKOLLIERE · Bei Aufgaben mit dem Wort „protokollieren“ sind Ablauf, Beobachtungen, Ergebnisse sowie die Auswertung in fachtypischer Weise wiederzugeben.

Beispiel: Bestimme das Material des vor dir liegenden quaderförmigen Körpers. Protokolliere dein Vorgehen.

Lösung:
Ziel: Bestimmung des Materials über die Dichte eines quaderförmigen Körpers

Vorbereitung: Für den Versuch werden eine Waage und ein Lineal benötigt.

Durchführung: Der Körper hat eine Breite von $b = 5\,\text{cm}$, eine Höhe von $h = 5\,\text{cm}$ und eine Länge von $l = 10\,\text{cm}$. Er wiegt $m = 675\,\text{g}$.

Auswertung: Der Körper hat ein Volumen von $V = 5\,\text{cm} \cdot 5\,\text{cm} \cdot 10\,\text{cm} = 250\,\text{cm}^3$. Seine Dichte beträgt $\rho = \frac{m}{V} = \frac{675\,\text{g}}{250\,\text{cm}^3} = 2{,}7\,\frac{\text{g}}{\text{cm}^3}$. Der Körper besteht wahrscheinlich aus Aluminium.

Siehe auch Methode Protokollieren auf S. 32.

BERECHNE · Bei Aufgaben mit dem Wort „berechnen“ ist ein zahlenmäßiges Ergebnis aus einer Rechnung mit gegebenen Größen anzugeben. Zu diesem Zahlenwert gehört immer auch eine sinnvolle Einheit.

Beispiel: Berechne die Masse einer $10\,\text{cm}^3$ großen Eisenkugel.

Lösung:
Die Dichte von Eisen beträgt $\rho = 7{,}86\,\frac{\text{g}}{\text{cm}^3}$.
$m = \rho \cdot V = 7{,}86\,\frac{\text{g}}{\text{cm}^3} \cdot 10\,\text{cm}^3 = 78{,}6\,\text{g}$.
Die Eisenkugel wiegt 78,6 g.

SKIZZIERE · Bei Aufgaben mit dem Wort „skizzieren“ sollen Sachverhalte, Objekte, Strukturen oder Ergebnisse auf das Wesentliche reduziert in übersichtlicher Weise wiedergegeben werden.

Beispiel: Skizziere einen Versuch, mit dem man die magnetische Wirkung des Stroms nachweisen kann.

Lösung: Eine Kompassnadel richtet sich aus, wenn sie in die Nähe eines stromdurchflossenen Drahtes kommt.

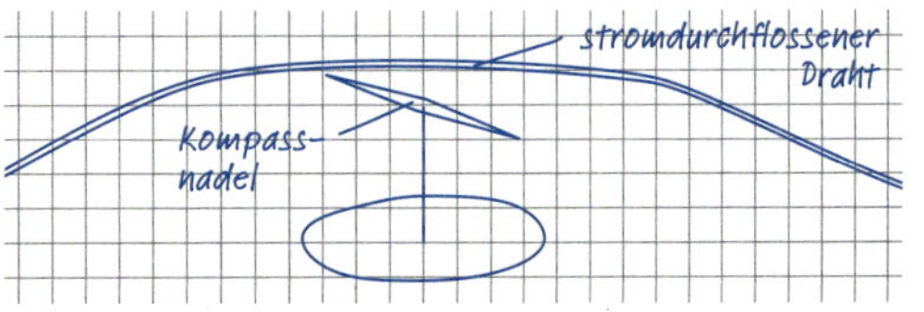

ZEICHNE · Bei Aufgaben mit dem Wort „zeichnen“ ist eine exakte Darstellung von beobachtbaren oder gegebenen Phänomenen und Strukturen anzufertigen.

Beispiel: Ein Zylinder wird mit einer Lichtquelle beleuchtet. Zeichne den Strahlenverlauf.

Lösung:

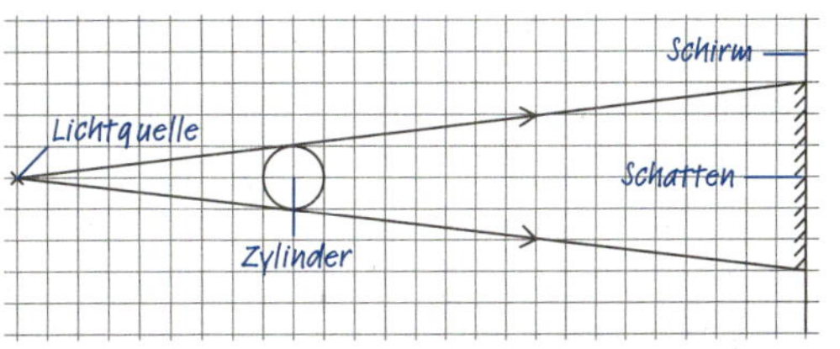

Die physikalischen Spielregeln der Natur

Seite 26–27: Magnetismus

4 Tina hat Unrecht, denn ein unmagnetisiertes Eisenstück würde vom Magneten angezogen werden. Da sich der Magnet und das Metallstück aber abstoßen, kann es sich nur um ein magnetisiertes Metallstück handeln.

8 In der Blackbox könnte sich ein Stabmagnet befinden, dessen Nordpol nach links zeigt. In diesem Fall richten sich die Magnetnadeln so aus, dass deren Südpole zum Nordpol des Magneten zeigen und deren Nordpole zum Südpol.

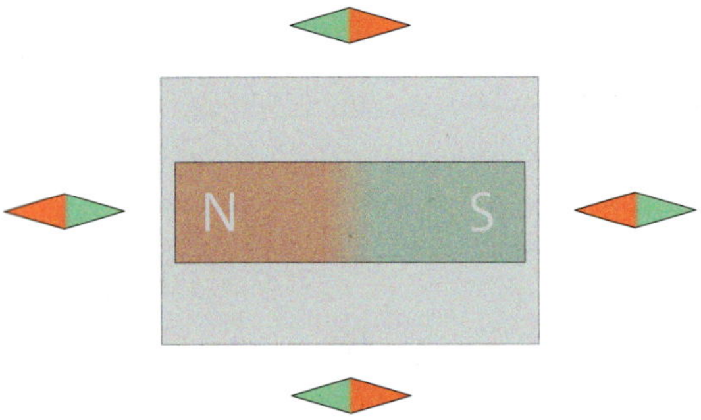

11 Der Hausmüll wird durch einen Trichter auf ein Förderband geleitet. Das Förderband transportiert den Müll zum Magneten. Der eisenhaltige Müll (ferromagnetisch) wird vom Magneten auf dem Band festgehalten, während der nicht eisenhaltige Müll (nicht ferromagnetisch) in einen eigenen Behälter fällt. Der eisenhaltige Müll fällt erst später in den dafür bestimmten Behälter, wenn die anziehende Wirkung des Magneten durch den vergrößerten Abstand zu klein geworden ist, um ihn weiter festzuhalten.

16 Julian kann den Schraubenzieher aus Eisen mithilfe des Hufeisenmagneten magnetisieren. Mit dem magnetisierten Schraubenzieher, der schmal genug für das Gitter ist, kann er den Schlüssel anziehen und nach oben heben.

Seite 36: Dichte als Materialeigenschaft

2 Das wichtigste physikalische Argument für die Verwendung von Carbon-Karosserien ist die geringere Dichte des Materials, die es erlaubt bei gleichem Volumen eine deutlich geringere Masse zu erreichen. Außerdem ist das Material sehr flexibel, sodass nahezu alle Bauformen umgesetzt werden können. Dem gegenüber stehen aber auch Nachteile, die allerdings weniger physikalisch begründet sind: Bei einem Unfall zersplittert die Carbon-Karosserie und weist keine Knautschzone auf. Außerdem ist die Herstellung der Carbon-Karosserie mit einem sehr hohen Energieaufwand und damit auch mit hohen Kosten verbunden.

Seite 38–39

2 Das Volumen V kann direkt abgelesen werden. Es gilt $1\,ml = 1\,cm^3$. Die Masse m wird über die Dichte ρ mithilfe der Gleichung $m = \rho \cdot V$ berechnet:

Flüssigkeit	Volumen V	Masse m
Spiritus	$18\,ml = 18\,cm^3$	15 g
Wasser	$26\,ml = 26\,cm^3$	26 g
Benzin	$28\,ml = 28\,cm^3$	21 g
Quecksilber	$10\,ml = 10\,cm^3$	135 g

Wenn du Schwierigkeiten bei der Berechnung der Masse mit einer Hilfsgleichung hast, schaue dir das zweite Beispiel auf S. 31 noch einmal an.

11 **a)** Gegeben: Höhe $h = 0{,}8\,m$, Fläche $A = 40\,m^2$, Dichte $\rho_{Neuschnee} = 60\,\frac{kg}{m^3}$.
Gesucht: Masse m
Berechnung des Volumens: $V = A \cdot h = 40\,m^2 \cdot 0{,}8\,m = 32\,m^3$
Berechnung der Masse: $m = \rho \cdot V = 60\,\frac{kg}{m^3} \cdot 32\,m^3 = 1920\,kg$.
Die Neuschneeschicht wiegt 1920 kg.
b) Gegeben: $m = 1920\,kg$, Dichte $\rho_{Wasser} = 1\,\frac{g}{cm^3}$.
Gesucht: Volumen V
Berechnung des Volumens:
$$V = \frac{m}{\rho} = \frac{1\,920\,000\,g}{1\,\frac{g}{cm^3}} = 1\,920\,000\,cm^3 = 1920\,\ell$$
Es entstehen 1920 ℓ Wasser.
Wenn du Schwierigkeiten bei der Berechnung des Volumens mit einer Hilfsgleichung hast, schaue dir das dritte Beispiel auf S. 31 noch einmal an.

Optische Phänomene

Seite 52–53: Licht und Sehen

2 Die Fotos A, C, D und E sind Lichtquellen, da sie selbst Licht aussenden. Die Fotos B und F sind beleuchtete Körper, da sie das Licht reflektieren.

4 **a)** richtig **b)** richtig **c)** falsch **d)** keine Aussage möglich

6 **a)** Das rote Licht der Umgebung wird vom Fleisch reflektiert. Dadurch erscheint es röter und wird als frisch wahrgenommen.
b) Das Bild A wurde mit weißem Licht aufgenommen, da der Saft wie gewohnt orange erscheint. Das Bild B wurde mit grünem Licht fotografiert, da grünes Licht reflektiert wird. Das Bild C erschient rötlich. Es wurde mit violettem Licht beleuchtet, dessen Blauanteil absorbiert und dessen Rotanteil reflektiert wurde.

Seite 52–53: Licht und Sehen

2 a) Die Grenzstrahlen der Scheinwerfer verlaufen wie folgt:

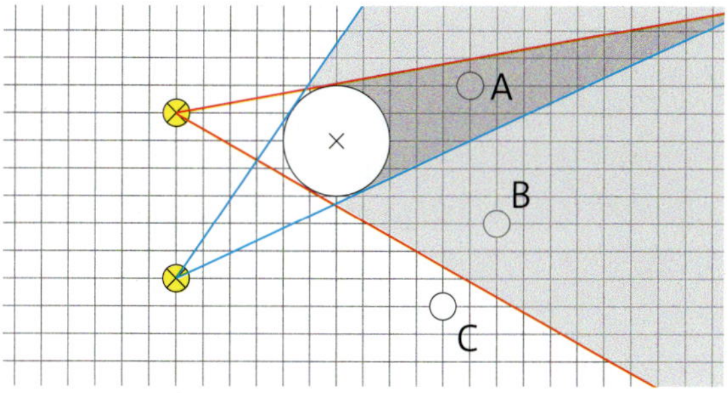

b) Alex steht im Schattenraum beider Lampen und wird von keiner Lampe beleuchtet. Benni steht zwar im Schattenraum der oberen Lampe, wird aber gleichzeitig von der unteren Lampe beleuchtet. Das Licht beider Lampen fällt nur auf Chiara. Sie wird daher am stärksten beleuchtet.

Seite 62–63

2 a) Die Breite des Schattens auf dem Schirm beträgt 9 cm.

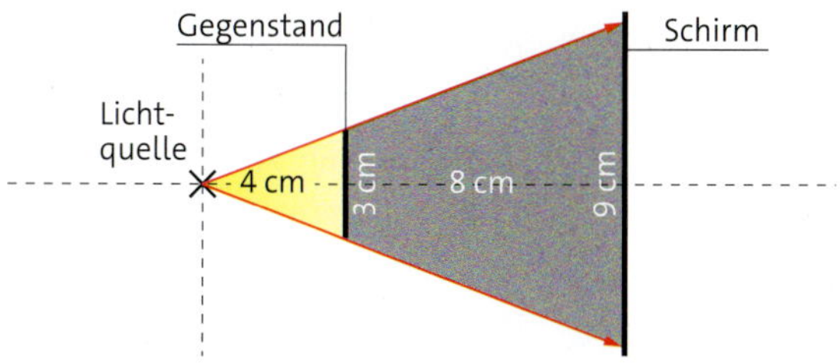

b) Bewegt man die Lichtquelle nach oben, dann bewegt sich das Schattenbild nach unten und umgekehrt. Je weiter man die Lichtquelle nach oben bzw. unten bewegt, desto größer wird der Abstand zwischen Lichtquelle und Gegenstand. Gleichzeitig wird der Abstand zwischen dem Gegenstand und dem Schirm auch entsprechend größer. Die Breite des Schattenbildes verändert sich daher nicht.

5

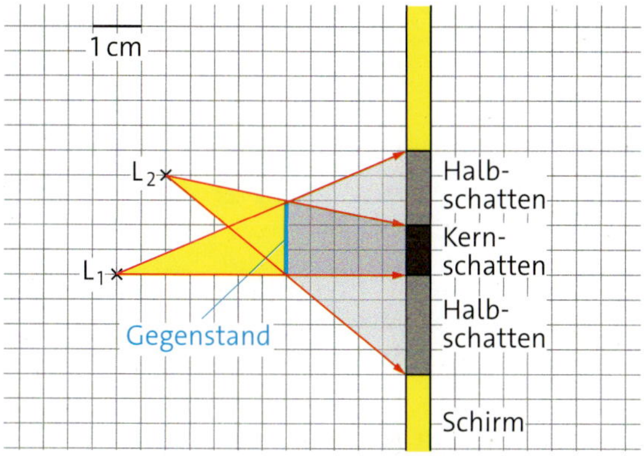

Elektrische Stromkreise

Seite 70: Elektrische Ladung und Strom

4 Da es sich um ein neutrales Atom handelt, muss es genauso viele Protonen im Atomkern wie Elektronen in der Atomhülle aufweisen. Der Atomkern besteht also aus 13 Protonen.

Seite 78–79

3 Die hier positive Ladung der Metallkugel zieht in einer Art Fernwirkung negativ geladene und bewegliche Elektronen von unten aus dem Zeigersystem nach oben auf die Platte. Die Platte wird daher negativ, das Zeigersystem positiv geladen. Im Elektroskop kommt es zu einer Ladungstrennung. Im unteren Teil sind Halterung und Zeiger nun gleichnamig geladen. Sie stoßen sich gegenseitig ab und man erhält einen Zeigerausschlag.

8 Max hat sich durch Reibung aufgeladen: entweder zwischen seinen Schuhsohlen und der Fußmatte im Auto oder zwischen seiner Kleidung und dem Stoff des Autositzes. Wie bei einem Gewitter kann es zu einer schlagartigen Entladung zwischen Max (Wolke) und Autotür (Boden) kommen. Der Entladungsvorgang (kleiner Blitzschlag) ist für Max spürbar, unangenehm aber nicht gefährlich.

Seite 86–87: Einfache elektrische Schaltungen

2

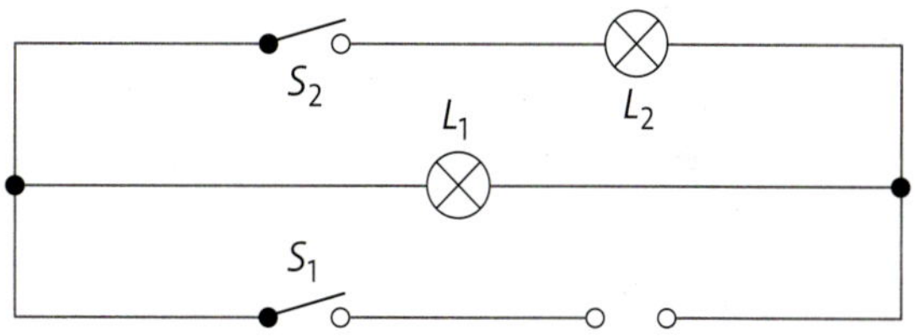

4 a) Die Baumbeleuchtung besteht aus einer Reihenschaltung der Lämpchen. Der Vater dreht unbemerkt eine Glühlampe aus dem Lampensockel. Damit ist die ganze Schaltung unterbrochen und alle Lämpchen gehen aus.
b) Beim Defekt eines Lämpchens wäre die ganze Lichterkette stromlos. Um das defekte Lämpchen ausfindig zu machen, müsste man jede einzelne Lampe testen.
c) Bei einer Reihenschaltung würden alle angeschlossenen Geräte gleichzeitig in Betrieb sein. Schaltet man ein Gerät aus, ist der gesamte Stromkreis unterbrochen. In der Regel möchte man seine Geräte unabhängig voneinander bedienen. Daher sind sie parallel an das Stromnetz angeschlossen.

6

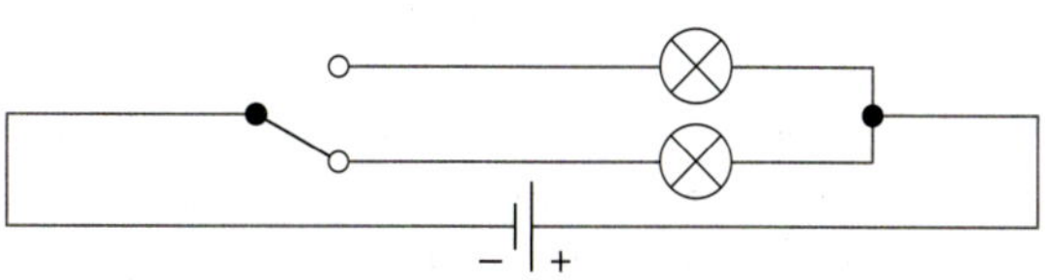